飼える！ふやせる！

メダカの本

月刊アクアライフ編集部／編

育てる楽しさ

メダカと聞くと小さくて弱々しいイメージがある人も多いでしょう。ですが、メダカは本来とても丈夫な魚なので、はじめて魚を飼う場合にもおすすめです。スイスイと泳ぐ姿やうれしそうに餌をつつく姿、成長してきれいな体色に変わっていく様子など、いろいろな行動が観察でき、飽きることがありません

メダカの楽しみ

メダカの稚魚

おなかに卵をぶらさげたメス。あたたかい時期は毎日のように産卵します

たくさんふやして〝メダカの学校〟を！

うまく飼うことができればメダカはどんどん卵を産んでくれますし、稚魚を育てるのもそう難しくありません。卵から育てたメダカは、やはり愛着もひとしお。コツを覚えれば、1ペアのメダカから数百匹の稚魚をとることもできます

美しい姿を観賞する

以前から親しまれているヒメダカやシロメダカ以外にも、近ごろは次々と新しい体色のメダカが登場しています。いろんなカラーのメダカを集めるもよし、こだわりのレイアウト水槽に泳がせるもよしと、自由に楽しめるのもメダカのよいところです

誰も見たことのないメダカを！

繁殖に慣れてきたら、お気に入りのメダカどうしをかけ合わせて、さらに美しいメダカのの作出に挑戦してみるのも面白いでしょう。うまくいけば、誰も見たことのないような新しいメダカが生まれるかもしれません

メダカ好きどうしで交流

メダカを主役にしたイベントも盛んです。珍しい新品種が展示されていたり、お買い得のメダカが手に入ることも……

飼える！ ふやせる！ メダカの本

もくじ

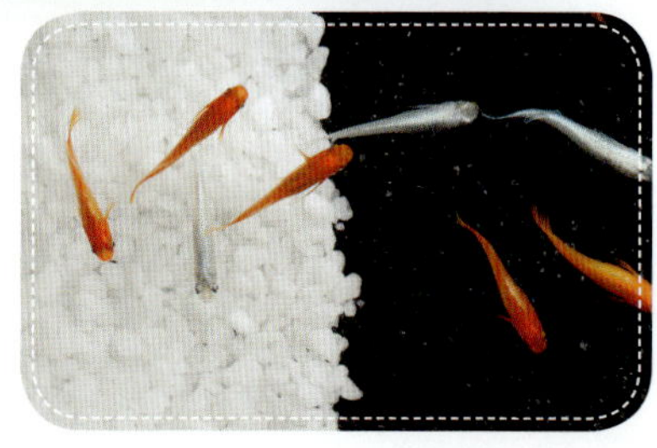

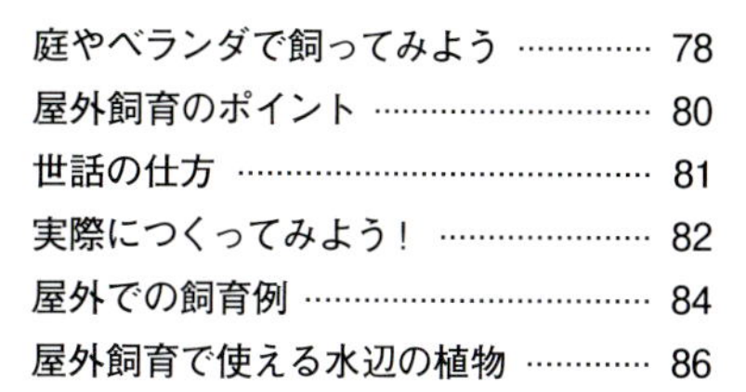

メダカの飼い方・屋外編 ……… 77

メダカをふやしてみよう! ……… 89

メダカの採集に挑戦 …104

メダカにもっと詳しくなろう ………107

本書について

小川や田んぼなど、人の関わりの深い場所に暮らしてきたメダカ。童謡にも歌われるように、長く日本人に親しまれてきた魚です。また、古くから観賞魚としても楽しまれており、江戸時代にはすでにヒメダカが飼育されていたという記録があるほどです。

そして現在、メダカの世界には大きな変化が起きています。色とりどり体色やユニークな体型をもつもの、さらにそれらをかけ合わせた新しい品種が次々に生み出され、ベテランからも大きな注目を集めているのです。とはいえ、メダカ本来が持つ丈夫さや繁殖の容易さなどは変わっていませんから、はじめて飼育に挑戦するビギナーにもおすすめできる魚といえます。飼育に慣れて上手にふやすことができるようになれば、自分で交配させてオリジナルのメダカ作出にも挑戦できるはず。まさにメダカ飼育は、子どもから大人まで楽しめる趣味として成長しつつあるのです。

本書では、はじめてメダカを飼う方やこれまで魚を飼ったことがない方でも安心して飼育を楽しめるよう、飼い方の基本からふやし方の詳しい解説に加え、様々な色や姿をした海外のメダカ図鑑から自然界での生態など、メダカに関する多くの情報を集めています。

ぜひ、メダカの飼育にお役立てください。

いろいろなメダカ

色も体型も
よりどりみどり！

メダカと一口にいっても、今では数え切れないほどたくさんの色や形をもったメダカが生まれています。なじみ深いものから珍しい品種まで、まとめてご紹介しましょう

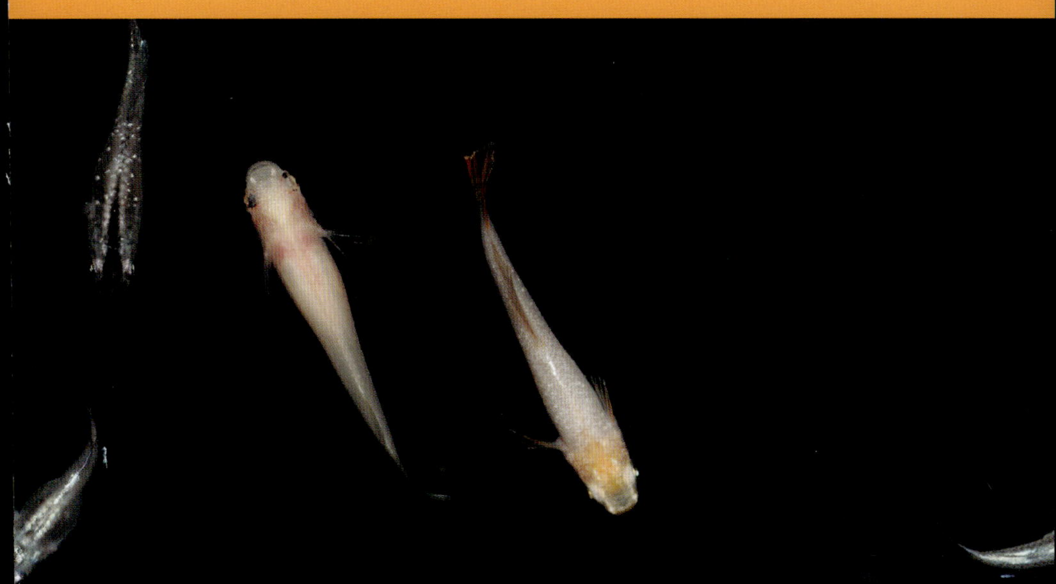

メダカ（野生体色）

日本各地の川や池に生息している、なじみ深い魚です。淡いグレーの体色をしており、他の改良品種と区別するために「黒メダカ」と呼ぶこともあります。後のページで紹介するすべての改良メダカは、ここから生み出されました。生息地によって体型などに微妙な違いがあり、近年では、国内のメダカをキタノメダカとミナミメダカの２種類に分ける論文も発表されています（詳しくは119ページより）

野生のメダカは数が減ったといわれますが、昔ながらの環境が残っている場所では今でも多くのメダカに出会えます

ヒメダカ

生まれつき黒の色素が少ないため、全身が淡い黄色になった改良メダカ。江戸時代から観賞魚として楽しまれており、今も多く流通しています。たいていのペットショップで見られるので、入手は容易です

シロメダカ

全身が白っぽくなるメダカで、お店ではヒメダカに次いでよく見られます。白くスッキリした体はよく目立つため、屋外の睡蓮鉢などに泳がせてもよく似合います

アオメダカ

青といっても熱帯魚のように鮮やかなブルーではなく、ややグレーがかった青白い体色をしています。光の当たり方によって見え方が変わり、青みが濃くなったり、白っぽく見えることも

楊貴妃(ようきひ)メダカ

ヒメダカをより色濃くした、朱色の体色を持ちます。幼魚のうちはあまり色が出ませんが、成長するにつれて赤みが濃くなっていくのも面白い特徴です。人気も高く、様々なタイプが生み出されています

ヒカリ体型（34ページ）を持つタイプ。流通量も多く、横から眺めるのにうってつけ

楊貴妃ヒカリのダルマ(37 ページ）タイプ。赤く丸い体がとても愛らしい人気品種。朱天皇の別名もあります

楊貴妃のヒレ長タイプ(30 ページ）で、さらに赤みの追求したもの。紅天女の別名もあります

楊貴妃の赤さは個体差がありますが、ここまでべったりと赤くなるものは稀少です。" 紅帝 " の名で知られる楊貴妃の一タイプ

幹之（みゆき）メダカ

ほのかに青みを帯びた体の廃部に、光り輝くライン（体外光）が現れるメダカ。その美しさから人気が高く、様々なバリエーションが生み出されています。体外光の入り方は個体差があり、写真のように口先から尾の付け根まで乗るものはフルボディと呼ばれます

水槽で飼っても楽しめますが、睡蓮鉢のような、上から観賞するスタイルがよく似合います

幹之の体側にラメ（25 ページ）を乗せたタイプ。水槽で観賞するのにも向いています

通常の幹之と違って黒い体色をベースにした、シックな雰囲気の品種。体外光は青やブロンズ色など、バリエーションが見られます。黒幹之などと呼ばれます

マリンブルーと呼ばれる、体内の青みを強調した幹之のバリエーション。体外光はひかえめで、その分体の青さがよく目立ちます。とてもさわやかな色みで、白い容器によく似合います

全てのヒレの縁が光って、ヒレのフチ全体が光沢で繋がったように見えます。こうした表現を " 一周光 " と呼びます

ヒレにも青白い光沢が乗った個体。「ヒレ光」と呼ばれ幹之特有の表現ですが、他のメダカにも移植が試みられています

クリアブラウンメダカ

透明感のある飴色の体を持つメダカ。色々な改良メダカの元にもなった品種で、かけ合わせると意外な色彩が生まれることがあります。ヒカリ体型の個体がよく見られます

ウロコが黒く縁取られるタイプ

琥珀(こはく)メダカ

クリアブラウンに似ていますが、こちらはやや赤茶色を帯びた落ちついた体色をしています。尾ビレの上下が赤く縁取られるのも特徴で、水槽でよく目立ちます

黄金メダカ

ヒレや体が明るい黄色や山吹色を発します。琥珀メダカの元になった美しいメダカですが、近ごろは見かける機会が減っています

シルバーメダカ

アオメダカから作り出されたもので、上半身がメタリックシルバーに覆われます。基本的にすべてヒカリ体型をしています

黒いメダカ

全身がより黒くなるよう改良されたメダカ。系統によって黒色の出方や濃さには違いがあり、今では写真のように、ヒレを含め全身が真っ黒のものまで登場しています。一見するとどこが目かわからないほど。野生のメダカ（黒メダカ）と区別するために、ブラックメダカとも呼ばれます

白い砂を敷いた水槽に泳がせるとよく似合います。ただし長期間入れていると色が薄くなるので、普段は黒い砂を敷いて飼い、時折明るい容器に移すという観賞方法がおすすめ

比較的色が薄めなものも見られます

赤＆黒のメダカ

黒いメダカからさらに進んで、体の一部に朱赤や黄色などを乗せたタイプです。独特の色彩をしていてとても目を引くメダカですが、まだまだ見かける機会は多くありません。写真は五式と呼ばれる品種

頭の濃い赤みと黒く縁取られたウロコがかっこいいメダカ。紅薊(べにあざみ)と呼ばれる品種

赤ではなく、黄色をもった
タイプもいます

さんしょく
三色メダカ

体に赤、黒、白の３色が現れたメダカで、まるで小さな錦鯉のような姿をしています。模様の出方は個体によって様々な違いがあり、より色が濃くはっきりしたものほど美しいとされます

こうはく
紅白メダカ

三色メダカから黒い模様がなくなり、赤と白の二色になったもの。こちらも錦鯉の紅白のよう。睡蓮鉢などに泳がせるととても似合います

頭にだけ赤がのったものは、丹頂メダカと呼ぶこともあります（下の個体）。体にはラメも出ています

体外光（たいがいこう）をもつメダカ

幹之メダカ（12 ページ）の背中の光沢（体外光）は、それまでのメダカになかった新しい形質。これで注目して他のメダカとの交配が盛んに進められています。基本はシルバーですが、他の色も見られます

煌（きらめき）と呼ばれる品種

灯（あかり）と呼ばれる品種。淡いピンク色の頭部、黄色い体色、体外光が特徴です。交配すると様々なメダカが生まれるので、品種改良にも広く用いられています

背中に紫の発色をもつパープルと呼ばれる品種に、青っぽく光る体外光が合わさって、面白い表現を見せます

金色の他にも多くの体色をもち、そこにのった体外光が輝きを添えています。黄鱗（きりん）体外光と呼ばれる品種

体内光(たいないこう)をもつメダカ

体外光とは対照的に、体の内側から光沢を放っているように見えるメダカです。光の入り方や色にはいくつかバリエーションがあり、ぼうっとした輝きを放つ姿はとても幻想的。写真のような青く光るものが主流ですが、他の色も見られます

黄色みのある多色の体内光をもつタイプ。頭から尾の付け根まで光るものは、全身体内光などと呼ばれます

ヒレ長タイプの幹之メダカから出現したもの。おぼろげな体内光が長いヒレとあいまって、優雅な雰囲気です

体内光と体外光を合わせもった個体。両方の光があわさって、メダカとは別の魚のような表現をしています

黄色い体内光をもつ珍しいタイプ

ラメ

体表に出現する光沢のあるウロコに注目した表現です。様々な体色のメダカと合わせることで、星空のような輝きを持つ美しいメダカが生み出されています

ヒカリ体型の幹之メダカに、ラメが乗ったもの。体の高さがあるぶん、ラメもよく目立って美しさが増しています

ダルマ体型のラメ幹之メダカです。ぷりぷりと泳ぐたびにキラキラと輝き、とてもチャーミング

多色ラメ

ラメ系のメダカが変化したもので、通常のメタリックシルバーだけでなく、青や金など様々な色が入り混じり、複雑な輝きを放っています。写真は黒ラメ幹之と呼ばれるタイプで、大きな注目を集めました

琥珀メダカの背中に多色ラメをのせたもの。体側にもラメが広がっていて、上からでも横からでも観賞できます

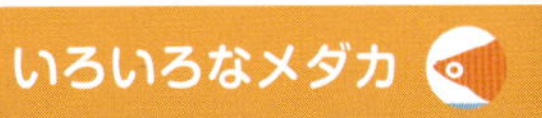

アルビノメダカ

生まれつきメラニン色素を持たないため、白く透き通った体色と赤い目をしたメダカ。視力が弱いため、餌を取ったり他のオスやメスを見つけるのが少し苦手で、飼育や繁殖はやや上級者向けのメダカといえます。写真はラメの入ったタイプ

アルビノ楊貴妃ヒカリダルマ。楊貴妃メダカの赤みと透明感のある体がよく似合います

琥珀メダカから生まれたアルビノ。そのためか黄色い体をしています

楊貴妃透明鱗ヒカリメダカ

透明鱗（とうめいりん）メダカ

本来持っている色素が薄れ、透明なウロコになったメダカです。エラが透けて見え、ほおを赤く染めたようなかわいらしい姿が特徴。三色メダカ（19 ページ）はこのタイプから発展したものです。スケルトンメダカとも呼ばれます

リアルスケルトンメダカ

アルビノとパンダメダカの交配から生まれたメダカ。非常に透明度の高い体をしており、浮き袋や内臓が透けて見えるほどです

パンダメダカ

透明鱗メダカの一タイプ。まるまるとした黒眼、赤く透けたエラぶた、黒く透けて見えるお腹がかわいらしい品種です。様々な体色をパンダ化したものが流通しています

楊貴妃パンダヒカリメダカ

楊貴妃パンダダルマメダカ

パンダ更紗メダカ。紅白系の美しい姿をしています

ブチメダカ

背中から腹にかけて、かすれたような黒が不規則に現れるものを差します。このブチ模様は様々な体色に出現し、一味ちがった雰囲気になります

体型の変異

体色だけでなく体型が変化した品種も多く知られます。様々な体色と合わさることで、ユニークなメダカが生まれています

ヒレ長メダカ

ヒレが長く伸びるという、近年になって登場した新しい表現です。優雅に伸びたヒレは熱帯魚のグッピーのように美しく、水槽飼育によく似合います。ヒレ伸び方によっていくつかのタイプがあり、それぞれの特徴をあわせもったものも出現しています

スワロー ヒレの条（硬い部分）だけが部分的に伸びるタイプ。どの部位に出現するかは予測しにくい面があります。風雅（ふうが）メダカとも呼ばれます。写真はクリアブラウンラメをベースにしたもの

黒系のメダカをスワロー化。ヒレまで真っ黒な個体で、長いヒレがよく似合います

楊貴妃透明鱗のスワロー。明るい赤みがヒレの長さを引き立てています

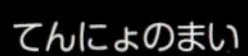

てんにょのまい
天女の舞

腹ビレをのぞくすべてのヒレが伸長し、全体的に大きなヒレを持ちます。松井ヒレ長などの名でも呼ばれます。写真は幹之メダカをベースにしたもの

とりわけヒレを大きく広がるよう改良が進められたもの。黒い体と大きなヒレはすさまじい存在感があります。ブラックキングと呼ばれる品種

幹之メダカをベースにしたヒレ長メダカ。背ビレやしりビレにも色がのっており、上から見ても楽しめます

楊貴妃メダカをベースにしたもの。ふわっと広がったヒレはまるでグッピーのよう

ダルマメダカにもヒレ長の形質は出現しています。ヒカリ体型でもあるので、よりかわいく優雅な姿に

1年以上しっかり育てられた個体。長く伸長したヒレが、ピンク色のかわいい体色とよくマッチしています

ロングフィン

背ビレとしりビレの条が伸長し、バサバサとした感じになります。主に写真のような幹之メダカのオスでよく見られます

ヒカリ体型の幹之メダカをロングフィン化。上下に大きく伸びたヒレは見応えたっぷり

ロングフィンと天女の舞の形質をあわせもった幹之ヒカリメダカ。尾ビレもよく伸びていて、独特の姿をしています

ヒカリメダカ

背中にも腹側の特徴が出るという突然変異を元にしたメダカです。背ビレとしりビレが同じ形で、尾ビレは２枚がつらなってひし型になっています。背中のグアニン層がシルバーの光を放つことからこの名がありますが、個体によっては目立たないものもいます。写真は楊貴妃メダカのヒカリ体型

琥珀メダカのヒカリ体型。やや体が短めで半ダルマ体型も現れています。オーソドックスな品種ですが、赤茶色の体と背中の輝きはよく似合います

紅白メダカのヒカリ体型。体側にはラメも出ています。ヒカリメダカはその体型から、水槽などで横から観賞するのに向いています

背中と腹側のグアニン層がつながって、銀色のバンドのようになったもの。〝銀帯〟(ぎんおび)と呼ばれ、なかなか出現しない稀少なタイプです

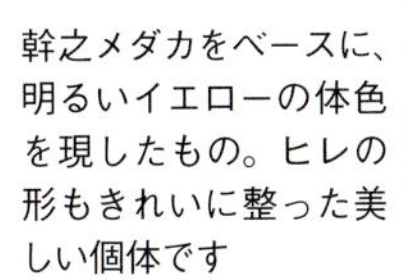

幹之メダカをベースに、明るいイエローの体色を現したもの。ヒレの形もきれいに整った美しい個体です

黒系のメダカをベースにしたヒカリメダカ。黒い体に背中の輝き、体側のラメがよく映えています

三色メダカをベースに、ヒレ長とヒカリ形質をくわえたもの。ヒカリ体型とヒレ長は相性がよく、互いの特徴を引き立て合います

新体型（しんたいけい）

尾ビレのみ、ヒカリメダカのようなひし型になるタイプ。ヒカリメダカの因子をもつ個体から出現しやすいようです。また、背ビレの条が普通より多いことがあります

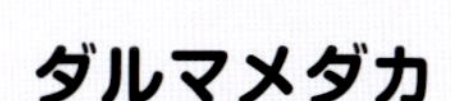

ダルマメダカ

ほとんど二頭身をした、アニメに出てきそうなスタイルをしたメダカです。骨格が変化して生まれた品種で、そのちんまりとした体は水槽などで横から観賞するのにうってつけ。かわいい品種ですが、泳ぎがあまり上手でないなど、飼育にはややコツも必要です。写真は楊貴妃メダカのダルマタイプ

半ダルマなどと呼ばれる、さほど体がちぢんでいないタイプ。比較的泳ぎがうまいので、初心者でも飼いやすいでしょう

シックな美しさの、琥珀ヒカリメダカのダルマタイプ。ヒカリ体型のダルマメダカはヒレの大きさがよく目立ち、よりかわいらしく感じます

幹之ヒカリメダカのダルマタイプ。小さくてもしっかり体外光が光っています

アルビノヒカリメダカのダルマタイプ。丸い体に赤い目が存在感たっぷり

白ヒカリメダカのダルマタイプ。シンプルな純白の体は水草を植えた水草にもよく似合うでしょう

三色ダルマメダカ。丸い体に複雑な色彩がのり、まるで金魚の仲間のようです

紅白やラメ、体外光など、最近では様々な色彩がダルマメダカにも導入されており、好みの体色を選ぶこともできます

チョキメダカ

ヒカリメダカから派生したもので、尾ビレが上下に割れてじゃんけんのチョキのような形になっています。流通量はあまり多くありません

らんちゅうメダカ

金魚のらんちゅうのように、背ビレをもたないメダカ。つるんとした背中がどこか奇妙な印象です。背ビレがないため包接（90 ページ）に失敗して無精卵が出やすいなど、繁殖はやや難しい品種です

幹之らんちゅうメダカ。背ビレがないため、体外光が頭から尾の先までしっかりつながっています

セルフィンメダカ

ヒカリ体型のメダカに見られる変異で、背ビレが途中で２つに分かれているもの。前の背ビレだけをピコピコと動かすなど、かわいい姿を見せてくれます。サムライメダカなどとも呼ばれます

セルフィン形質が、腹側のヒレに出現した珍しい個体

目の変異

実はメダカの"目"にも様々な違いがあり、他の形質と組み合わさって、多くのバリエーションを生み出しています

出目メダカ

目のサイズ自体は普通ですが、骨格のせいで眼球が飛び出たような形をしています。口先が短いのも特徴のひとつで、金魚の出目金のようなユニークな表情をしています

ビッグアイメダカ

出目メダカと違い、目そのものが大きく変化したメダカです。そのため眼球が左右に飛び出し気味になるものもいます

水泡眼（すいほうがん）メダカ

金魚の水泡眼は目の下に大きな袋がついたものですが、こちらは目を覆うレンズが大型化した変異です。奇抜な表情が印象的

目前（めまえ）メダカ

魚の目はふつう体の左右に付いていますが、こちらは両目が前の方を向いているという変わったメダカ。アニメのキャラクターのような個性的な顔立ちです

スモールアイメダカ

目が小さく点のようなメダカ。これは黒目の周りの銀色の層（グアニン）が広がって瞳が小さく見える変異です。視力がよくないので、この品種だけで飼うのがおすすめ

メダカの飼い方
水槽編

水中の様子を
観察しよう！

水槽（屋内）でのメダカ飼育は、屋外に比べるとやや難しい面がありますが、様々な飼育器具によっておぎなうことができます。なんといっても、いつでもメダカの姿や興味深い生態を間近で観察できるのが最大のメリット。メダカの水槽飼育の手順やポイントを紹介します

メダカの水槽飼育に必要なもの

室内で飼育するために必要な器具や、あると便利なものを解説していきます

メダカに適した水槽

メダカを飼うには、泳がせるための容器が必要です。水が漏れずある程度の容量があればどのようなものでも使えますが、サイドがクリアなガラス水槽が、観賞面からも適しているでしょう。

観賞魚用の水槽

観賞魚店やペットショップなどで手に入ります。主にガラス製ですが、アクリル製のものもあります。一般的なコーナーに枠のあるもの、ガラス板同士を貼り合わせたフレームレス水槽など様々なタイプがあり、好みで選ぶことができます。メダカ飼育には幅30～60cmの、比較的小さいものが向いています。

プラケース

プラスチックで作られている飼育容器。軽くて安価なのが長所ですが、長く使用していると細かい傷がついて曇ってきたり、割れたりするのが欠点です。サイズや形は様々で、大きなものなら長期飼育にも使えます。ただしフィルターや照明などの飼育器具が取り付けにくいのがデメリットです。

掃除の際にメダカを移したり、病気のメダカの隔離、卵や稚魚の育成など、いろいろな使い方ができます。サブの水槽としていくつか用意しておくと何かと重宝するでしょう。

セット水槽

水槽やフィルターなど、飼育に必要な器具がひととおり詰め合わせになっ

ガラス水槽
フチのないオールガラス水槽（右）はインテリア性が高い。メダカの飛び出しには注意

プラケース

メダカ向けのセット水槽

ていいます。それぞれ購入するよりも安くすむので、初めて買うならこのタイプがよいでしょう。

水槽の大きさと飼育数

メダカは体が小さいので、小さな水槽でもたくさん飼うことができます。しかしあまり詰め込んだ状態で飼うと、成長が遅くなったり、水が汚れて病気が出やすくなるなどのトラブルが起きやすくなります。水1ℓあたりメダカ1匹と覚えておくと、水槽サイズを選ぶ目安になります。

とくに初めてメダカを飼う場合は、なるべく大きな水槽で余裕をもって飼うのがおすすめです。大きな水槽はそれだけ水の量も多く水も汚れにくいので、それだけ失敗しにくくなるからです。

水槽用のアングル台

専用の台を使おう

水を入れた水槽は、かなりの重さになります。不安定な場所に置くと、水槽がたわんで水が漏れたり、倒れたりするなど事故のもと。専用の水槽台が市販されているので、そちらを使うようにしてください。

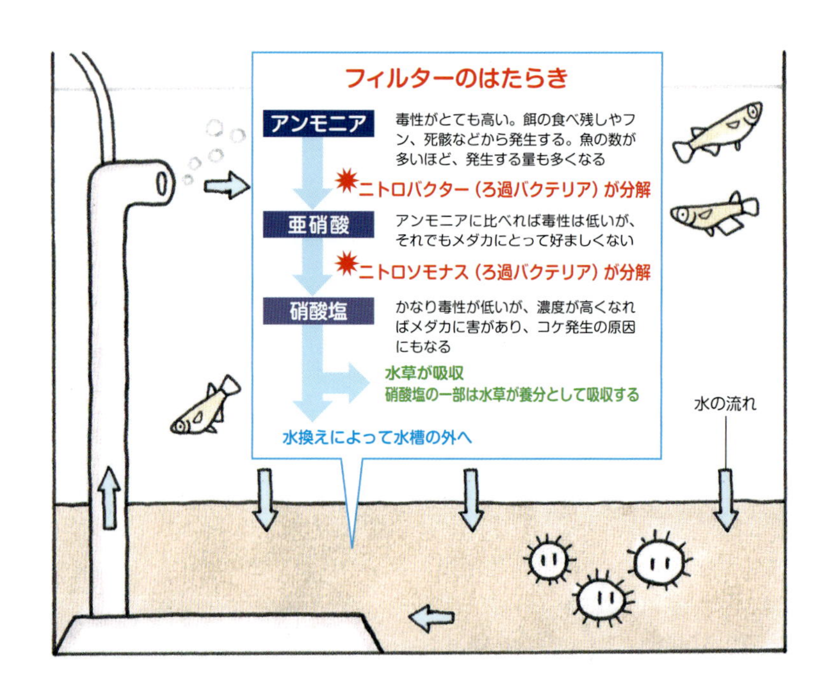

フィルター（ろ過器）

魚を飼っている水槽では、フンや餌の食べ残し、枯れた水草などの大きなゴミと、それらが腐敗して発生する目に見えない汚れによってどんどん水が傷みます。こうした汚れを取りのぞき、水槽の水をきれいに保つのがフィルター（ろ過器）の役割です。

ろ過の仕組み

フィルターが行なうのは、主に物理ろ過（目に見える大きなゴミをこしとる）と、生物ろ過（バクテリアによって有害な物質を無害な物質に分解する）の2つです。

特に重要なのが、後者の生物ろ過です。魚のフンや、食べ残した餌、枯れた水草などから発生するアンモニアは毒性が強く、そのままにするとメダカが死んでしまいます。このアンモニアをフィルターに住みついたバクテリアが分解して無害化することで、水槽の水はメダカが住める状態を保てるのです。

水槽セットしたては要注意

このバクテリアは、一般に「ろ過バクテリア」と呼ばれ、ろ過の中心的な働きをします。ろ過バクテリアはフィルター内のろ材を住み家にして増殖していきますが、セットしたては十分な数のバクテリアがいないので、アンモニアや亜硝酸がたまりやすくなります。そのため、セット初期はメダカの数を少なめにしたほうがよいでしょう。

B フィルター

エアポンプを使用するフィルター

底面式
底砂内に埋めこみ、底砂をろ材として使います。砂に汚れがたまりやすいので、たまに丸洗いが必要。左ページの図がこのタイプ

投げ込み式
ろ材を収めたケースを水槽内に設置します。設置が簡単で、ろ過能力も十分。小型水槽で使いやすく、便利です

スポンジフィルター
むき出しになったスポンジ部分でろ過を行ないます。物理ろ過は苦手ですが、高い生物ろ過の能力をもちます

エアポンプとエアチューブ
底面式、スポンジ、投げ込み式フィルターを使うために必要です

モーターで動くフィルター

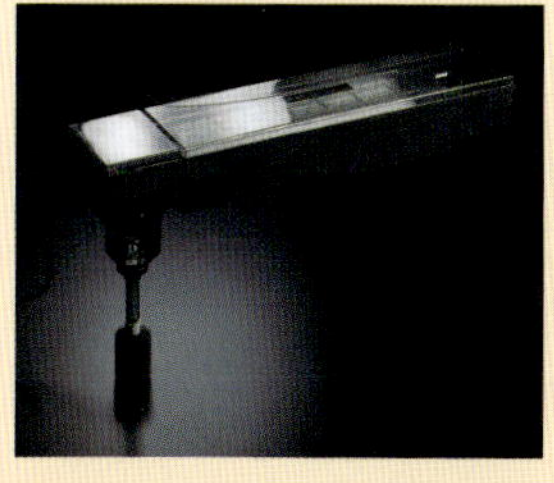

上部式
水槽の上に設置するので、掃除などのメンテナンスがしやすい。60cm 以上の水槽に向きます

外部式
本体を水槽の外に置き、ホースで繋いで使用します。水流が強くなりやすく、小さな水槽にはやや不向きです

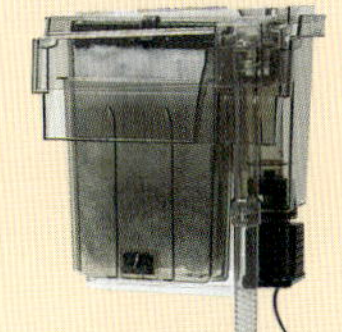

外掛け式
水槽の横や後ろに設置します。サイズが豊富で、小型水槽にも便利。水流が調整できる製品が中心です

フィルターのタイプ

フィルターは、モーターによって動くものと、空気（泡）が上昇する力で水を動かすものがあります。空気で動かす投げ込み式や底面式はつくりがシンプルなので初心者でも扱いやすく、酸素も供給できるため、メダカの飼育に便利です。小さな水槽で使いやすい面もメリットです。

モーターで水を動かす上部式や外部式は、たくさんのメダカを広い水槽で飼う場合に有利です。ただし、水流が強くなるので、速い流れを嫌うメダカには注意が必要。出水口を壁に向けるなどして、なるべく水流を弱めて使いましょう。

照明器具（ライト）

メダカは太陽の光を好む魚です。暗い環境で飼うと成長や繁殖に悪影響が出るので、屋内の水槽では照明を点けて昼夜のメリハリをつけてあげましょう。水草を育てる場合にも必要です。

点灯時間は、普通に飼育するなら1日8～10時間、産卵もさせたいなら12時間ほどが目安。あまり点灯時間が長いと、コケが発生したり水温が上りすぎるので注意しましょう。

仕事などで照明時間を調節できない場合は、タイマーと接続すると便利です。点灯時間をコントロールすることで、メダカの産卵を誘うこともできます（96ページを参照）。

底砂

水槽の底に敷く砂利です。なくても飼えますが、メダカを落ち着かせたりろ過バクテリアが定着して水の浄化に役立つなどの効果があるので、なるべく敷くことをおすすめします。また、メダカの体色は周囲の色にも影響されるので、飼育するメダカに近い色をした砂を敷くと、体色を濃く保つことができます。

砂の厚さは、水草を植えないなら水槽の底面が隠れる程度でよいでしょう。水草を植える場合は、3～5cmほどの厚さで敷くのが適当です。水槽に敷く前に、濁りが出なくなるまですすぎ洗いをします。

C 照明

水槽用のライトはLEDが主流です。水槽のサイズ（幅）に合った製品を選びましょう

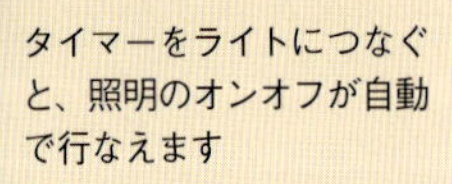

タイマーをライトにつなぐと、照明のオンオフが自動で行なえます

大磯砂
もっとも一般的な底砂。粒が丸く、サイズも様々ですが、メダカには粒の細かいものが向きます。水質にはほとんど影響しません

珪砂
ベージュや茶褐色をした天然砂。水槽の雰囲気が明るくなります。水質にはほとんど影響しません

パウダー状の砂
粒の細かなタイプで、角もないのでメダカを傷つけません。雰囲気も自然。複数のメーカーから、粒の細かな底砂が販売されています

ソイル
土を焼き固めたもの。軟らかいため、水草を多く植える場合にも向きます。崩れやすいので、すすぎ洗いは不要です

その他　あると便利な器具

水槽のフタ
ガラス製

1 水槽のフタ
プラスチック製。小型水槽用が中心

4 水温計

5 活性炭

2 ヒーター＆サーモスタット
（写真は一体型のもの）

3 水槽用ファン

6 バックスクリーン

1 水槽のフタ

水の蒸発やメダカの飛び出しを防ぐために必要です。メダカは水面近くをよく泳ぐため、驚くと水槽から飛び出すことがあるので注意してください。水槽のサイズに合わせたものが販売されています。

2 ヒーター、サーモスタット

ヒーターは水を温め、サーモスタットはあらかじめ決めた水温になるとヒーターをストップさせ、一定の水温を保ちます。冬でも活発に泳ぐ姿を見たいときやメダカを繁殖させたい場合などに用います。使用する場合は、水温計も設置して正しく作動しているか確認しましょう。

3 水槽用ファン

水面に風を当てて、水温を下げます。夏場に水温が高くなりすぎる場合（30℃以上）にあると安心です。水の蒸発しすぎには注意しましょう。

4 水温計

水温を確認するための器具。メダカの健康状態をチェックに役立ちます。

5 活性炭

水中の濁りや不純物を吸着する働きがあります。水槽の水に濁りや黄ばみが出た際などに用います。ろ過槽に入

れたり、水槽に直接入れて使います。

6 バックスクリーン

水槽の裏に貼り付けるスクリーンです。水槽の見栄えがよくなり、メダカの体色を引き立てる効果もあります。種類も豊富なので、好みにあうものを選びましょう。

7 流木や石

水槽に入れると自然な雰囲気となります。流木は水を黄ばませることあるので、しばらく水をはったバケツに沈めて、アク抜きをしてから使いましょう。黄ばみがなかなか消えない場合は、活性炭を使うと早く消えます。様々な形状のものが売られており、好みのタイプを探すのも楽しいものです。

8 ネット

メダカを移動させる場合に用います。他にも、ゴミや食べ残した餌をすくったりと、いろいろな使い道があります。目の細かいものと粗いものを揃えておくと便利です。水ごとすくうことでメダカを傷つけにくいものもあります。

9 スポイト

アカムシやブラインシュリンプなどの給餌や、底に沈んだ残り餌を吸い出すのに便利。大きなものは卵や稚魚の回収にも使えます。

10 ピンセット

少し長めのものがあると、大きめの

ゴミをつまんで捨てたり水草を植えたりするなど、何かと役に立ちます。

11 隔離ケース

卵や稚魚、弱い個体などを分けておく容器です。あまり水槽を増やせない場合などに便利です。

12 コック

エアチューブにつけて、エアの出る量を調整します。分岐したタイプなら、ひとつのエアポンプからいくつもの水槽にエアを回すこともできます。

13 バケツ

水換えの際に水をくんだり捨てたりするための必需品。いくつか用意しておきましょう。

14 水質調整剤

水道水に含まれる有害な塩素を無害化するほか、メダカに適した水質にする効果をもつものなども市販されています。

15 水換えホース

水換えの際に、水を吸い出すのに使います。底砂をクリーニングする機能の付いた製品もあります。

16 エアストーン

エアポンプにつないで水中に空気を送ります。小さな水槽でろ過ができない場合や、魚の数が多いときの補助として。

メダカのための水槽をつくろう

メダカを飼うための水槽のセット手順を説明します。順番を守ればとくに難しくありません

最初に用意したもの

水槽
ここではサイドと背面がスモークになったタイプを使用。サイズは 45 × 30 × 30cm

フィルター
水槽の内部に取り付けるモーター式のものをチョイス。メダカに適したゆるやかな水流ができます

照明
明るいLEDライトを使用。水草の育成にも向きます

塩素中和剤
水道水に含まれる有害な塩素や重金属を無害化します

底砂
土を焼き固めたもの（ソイル）を使用。メダカに適した水質にする効果もあります。やわらかいので事前の水洗いは不要です

水槽の置き場を決めよう

水槽は水を入れるとかなり重くなるので、専用の丈夫な台に置きましょう。メダカが落ちつくよう、水槽はなるべく静かで温度変化が少ない場所に置くのがおすすめ

こんな場所は避けよう

・タタミの上
床がやわらかいので水槽が傾くことも

・電化製品の近く
飛び散った水や湿気で機械が故障しやすい

・直射日光の当たる場所
長時間日光が当たると高水温やコケの原因に。短時間当たる程度なら大丈夫

① 底砂を敷く
底砂を敷くことで、水質の安定にも役立ちます。ここでは水草を植えるために 4ℓ ほど使用

② フィルターをセット
フィルターを水槽の隅に配置してろ材をセットします。まだ電源は入れません

3 石でレイアウト
メダカは意外とケンカをするので、弱い個体が隠れられる場所をつくります。あまり複雑にすると掃除が大変になるのでシンプルに

4 水を注ぐ
バケツで水を注ぎます。勢いよく入れるとソイルが崩れて濁りの原因になるので、パッケージ袋を敷いて弱めています

5 水草を用意
水草は美しいだけでなく、メダカの隠れ家や産卵場所にもなります。ここではカボンバ２束（右）とアナカリス１束を用意

6 鉛を取り外す
販売時の束ねられたままの状態で植えると、葉や茎が腐ることがあるので、巻かれている鉛板やウールを取りのぞきます

7 水草の長さを調整
ハサミで大・中・小の３段階に切り揃えます

8 水草を植える
ピンセットで階段状に植えると、きれいに見せることができます

9 **ゴミをすくう**
水面に浮いた水草の破片などは、そのままにすると腐って汚れの原因になります。ネットですくい取りましょう

10 **塩素を中和**
水槽の水量に合わせて塩素中和剤を入れます。必要量は製品によって違うので、説明書で確認してください

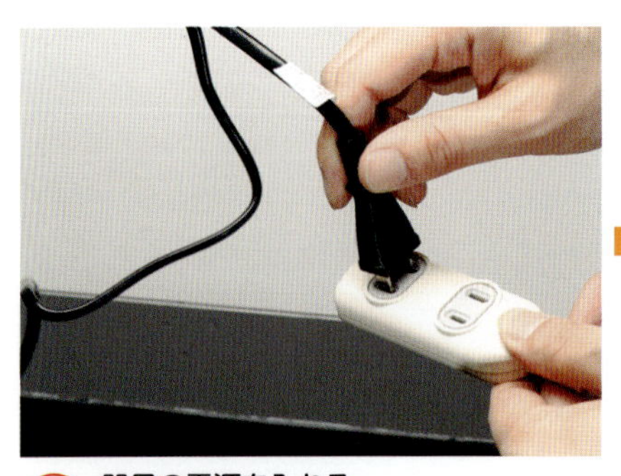

11 **器具の電源を入れる**
水槽の中の準備ができたら、フィルターやライトの電源を入れます

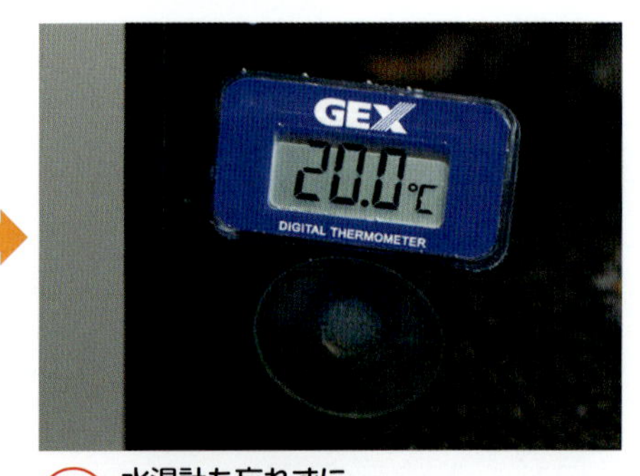

12 **水温計も忘れずに**
メダカは幅広い水温に適応しますが、健康状態のチェックなどに水温計は欠かせません

13 **しばらく空回し**
器具類のチェックも兼ねて、1～数日は魚を入れずに様子を見ましょう。濁りが消えて水がスッキリしてきたら、メダカの入れ頃です

14 水温合わせをする

メダカを買ってきたら、しばらく袋のまま浮かべておき、お店の水との温度差をなくします。いきなり放すのはメダカにとってダメージになります

15 メダカを水槽に！

袋を開け、水槽の水を少し中に入れるとメダカのショックをやわらげることができます。何度かやったら、そっと水槽に放してあげましょう

完成！

カラフルなメダカたちが泳ぐスタイリッシュな水槽が完成しました。セットしてしばらくはこまめに観察し、メダカが調子を崩していないか、器具に異常がないかなどをチェックしてください

フタも忘れずに！

最初のうちはメダカも落ちついていないので、水槽から飛び出すことがあります。フタはしっかり閉めておきましょう

メダカを上手に育てよう

メダカを水槽で飼うときのポイントや世話の仕方をおぼえましょう

メダカの飼育に大切な 5 つのこと

その1 水１リットルにメダカ１匹

あまりメダカの密度が高いと、それだけ水槽が汚れやすく世話も大変になります。水槽の水１ℓあたりメダカ１匹を目安に、飼うメダカの数を決めましょう。メダカの世話に慣れてきたら、もう少し数を増やしてもOKです。もともとメダカは群れを作る魚なので、数が揃っている方が落ち着きます。

水槽のサイズとメダカの飼育数（目安）

水槽	水量	メダカの数
30cm	約12ℓ	10～15匹
40cm	約20ℓ	15～20匹
45cm	約35ℓ	30～40匹
60cm	約57ℓ	50～60匹

その2 水換えは忘れずに！

水槽の水は、メダカのフンや餌の食べ残しなどでだんだん汚れていきます。これらはフィルター（ろ過器）や水草がきれいにしてくれますが、それでも分解しきれない汚れがたまっていくと、メダカの食欲が落ちたり病気にかかる原因となります。そのため、時おり水槽の水を取り替えて、きれいな状態を保つことが大切です。

メダカは本来とても丈夫なので、きれいな水を保つことさえできれば、そう失敗することはありません。

水換えは、水槽飼育の基本

その3 サイズ差に注意！

ヒレを広げて争うヒメダカのオス

同じ容器や水槽に入れるメダカは、なるべく大きさを揃えるようにしましょう。あまりサイズに違いがあると、大きな方が餌をひとりじめしたり、小さな個体がいじめられたりして、トラブルの元になります。

またメダカは意外とよくケンカ（なわばり争い）をします。特に繁殖期のオスはよく争うので、そうしたときは水草などを多めに入れて、弱い方が隠れられる場所をつくってあげましょう。

その4 強い流れは苦手です

外掛け式フィルターの場合はダイヤルで水流を弱める

メダカは強い水流を好みません。常に流れが強い環境で飼っていると、体力を消耗し弱ってしまいます。

モーターで動かすフィルターは強い流れができやすいので、水流を弱める工夫をしましょう。例えば、出水口を壁の方に向けたり、石や流木に当てて水流を分散させるなどの方法がおすすめ。浮き草や水草を多めに入れることでも、メダカが休む場所ができます。

その5 水合わせはしっかりと！

お店で流通しているメダカは、暖かいビニールハウスで生まれ育ったものが珍しくなく、お店でも熱帯魚と同じ水温でキープされていることがあります。

こうしたメダカをいきなり冷たい水に放すと、あっさり調子を崩すことがあります。新しく買ってきたメダカを水槽に移すときは、水合わせを忘れずにおこないましょう（具体的な手順は55ページ参照）。

メダカの入ったビニール袋ごとしばらく水槽に浮かべておき、水槽と袋の水の温度を揃える

健康なメダカを手に入れよう

どこで手に入れる？

●ペットショップや観賞魚店

街中やホームセンターなどにあるペットショップや観賞魚店では、ヒメダカやシロメダカ、幹之メダカなどの普及している品種が入手できます。また、近年は三色メダカなどの目新しい品種を扱うお店も多くなっています。

●メダカの専門店

メダカを専門に扱うお店も増えています。自らメダカの繁殖を行なっているところも多く、美しいメダカや珍しい品種がみられます。メダカのプロによる飼育のアドバイスをもらえることもあります。欲しいメダカが見つからない場合などは相談してみるとしいでしょう。

●通信販売など

上であげたお店やメダカ専門店は通信販売を行なっているところもあります。お店が遠くて直接行けない場合などに便利です。他にはインターネット上のオークションや、メダカを扱う即売イベントなどで入手することもできます。

●採集する

昔ながらの環境が残っている場所なら、今でも野生のメダカの姿を見ることができます。採りすぎは避け、飼う分だけを持ち帰りましょう。メダカは数ペアもいればすぐ数を増やすことができます。

購入する際の注意点

不健康なメダカを導入すると、うまく飼えないだけでなく、元からいる元気なメダカまで病気がうつることもあります。最初に調子のよいメダカを見きわめましょう。

やせている、体に白い点がついている、ヒレがボロボロ、体に傷がある、元気がない、などに当てはまるメダカは調子を崩しているおそれがあるので、購入を避けます。自分で見てわからないなら、お店のスタッフに相談してみるといいでしょう。

また、安価な品種はひとつの水槽にたくさん入っていることが多く、「この個体が欲しい」と指定しにくい場合があります。同じ水槽に調子の悪いメダカ、死んだメダカが多くみられるなら、購入を避けた方が無難です。

専門店ではペア単位で販売されていることもあります

こんなメダカは注意

ヒレがボロボロになっている

体に血がにじんでいたり傷のあるもの

体に白い点がある（白点病）

メダカの好む水

メダカを飼うのに適した水は？

水といっても、水道水や井戸水など様々ですが、メダカを飼うには、水道水を使うのが一般的です。

ただし、水道水は殺菌用の塩素が含まれているため、そのままでは使えません。この塩素は、人間には害のない濃度ですが、小さなメダカにはかなり危険です。水道水をメダカの飼育に使うには、塩素を取り除いてからにする必要があります。

塩素は、専用の中和剤を使うか、1日くみ置きしておくことで、簡単に抜けます。日の当たる場所だと、より早く抜くことができます。

塩素中和剤を使うと、簡単に塩素を抜けます

日なたにくみ置きしたり、強めにエアレーションをかけておくのも、塩素を抜く方法です

水温で変わるメダカの活性

メダカは暖かい水を好みます。もっとも調子がよいのは20～25℃前後で、活発に泳ぎ食欲も旺盛で、よく産卵します。15℃より下がるとだんだんと不活発になり、0～5℃程度まで下がると、じっとしてほとんど動かなくなります。40℃近いぬるま湯のような水でも生きていることがありますが、やはり30℃を超えると元気がなくなり、食欲も落ちてしまいます。

室内で飼う場合、よほど冬場に冷え込む地域を除けば保温の必要はありませんが、ヒーターを使って25℃前後に保温すると、冬でも元気に泳ぐ様子を楽しむことができます。

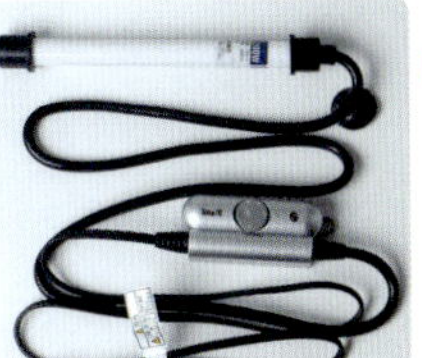

寒い時期は…

水槽用ヒーターで水温を20℃前後に保つと、寒い時期でも元気に泳ぎます

暑い夏は…

水温30℃を超える日が続くなら、水槽用のファンやエアレーション（ブクブク）を追加します。水槽もなるべく涼しい場所に移動しましょう

メダカと水温

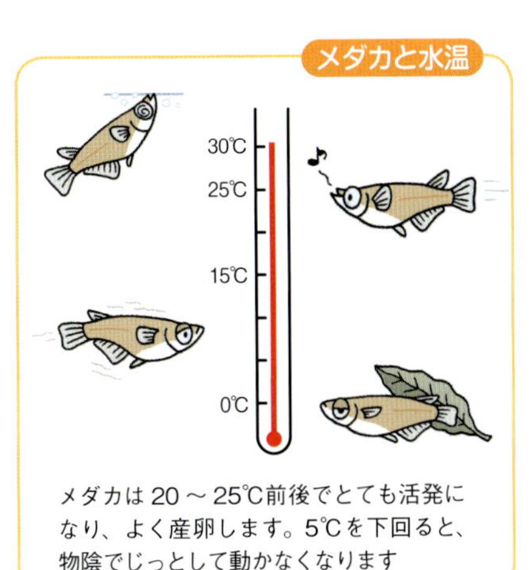

メダカは20～25℃前後でとても活発になり、よく産卵します。5℃を下回ると、物陰でじっとして動かなくなります

メダカの餌と与え方

健康なメダカを育てるためには、しっかりとした餌やりが大切です。

何でもよく食べるメダカですが、私たち人間のような胃袋を持たないため、餌を食いだめすることができません。また、大量に与えても食べきれず、水を汚す原因になってしまいます。そのため、餌は少しずつ何度かに分けて与えます。餌の与えすぎは太りすぎで寿命が短くなったり、繁殖しにくくなるおそれもあります。

与え方、回数

餌は、数分で食べつくす量を1日2～3回与えます。水温が適当なら、活発に泳ぎ餌もたくさん食べますが、水温の低い時期には動きがにぶく、あまり餌も食べません。そのため、暖かい時期には餌を多くし、寒い時期は少なめにするというように、与え方に工夫が必要です。活性の低い時期にたくさん餌を与えても、食べきれないばかりか、消化不良を起こし調子をくずす場合もあります。

餌やりは、メダカ飼育の楽しみのひとつ。慣れれば、水槽に近づいただけでメダカが寄ってくるようになります

メダカは明るくなってから活動を始めるため、給餌は照明をつけてから行ないます。最後の給餌は、遅くともライトを消す2～3時間前までにしましょう。暗くなると活性が下がるので、消灯直前に給餌すると消化不良になることもあります。

メダカに与える餌

野生のメダカは、動物プランクトンや植物プランクトン、水面に落ちた虫、藻類など、様々なものを食べています。飼育する場合も1種類の餌だけではなく、いろいろなものを与えた方が栄養のバランスが良くなります。

野生のメダカは、水面や水中をただよう餌を主に食べており、これは上向きで横に広がった口の形からもわかります。しかし、飼育しているメダカは、底に落ちたものでも拾って食べるようになります。

餌は、魚粉などを原料にした人工飼料と、ミジンコやアカムシなどの生き餌が代表的です。

こんな餌をあげよう

人工飼料

魚粉やいろんな原料を元に、メダカが食べやすいよう加工した餌です。手軽に与えられて栄養のバランスも優れているので、メダカの主食としておすすめです。

メダカの成長や産卵を促すものなど、目的に合わせた人工飼料も登場しています。

●フレークフード

薄くのばした紙状の餌。やわらかくメダカが食べたいぶんだけかじり取ることができるので、たくさん飼育しているときに与えると、食べはぐれる個体が出にくくなります。

●粒状餌

原料を粒状に押し固めた餌です。フレークフードに比べると大きさあたりの栄養価が高いので、メダカを早く大きく育てたいときなどに適しています。メダカの大きさに合わせて各種のサイズがあります。

一度開封した餌は鮮度がだんだん落ちていきます。古い餌はメダカの内臓に負担をかける場合があるので、開封後は涼しい場所に保管し、なるべく早く使いきりましょう。

生き餌

イトミミズ（イトメ）やミジンコ、アカムシ（ユスリカの幼虫）などの小さな生き物はメダカがこのんで食べます。栄養価が高いので、やせたメダカの回復や、産卵前に栄養を付けたりするのにもおすすめ。生きたものは入手が難しくなりつつあるので、冷凍やフリーズドライの製品を与えてもいいでしょう。

浮く餌と沈む餌

メダカは上向きの口をしているので、水面に浮く餌が向いています。とはいえ、飼育しているとすぐ慣れて、沈んだ餌でも食べるようになります。ただダルマメダカは沈むのが苦手なので、なるべく浮く餌がよいでしょう。

メダカの飼育数が多いときは、浮く餌と沈む餌を混ぜて与えると、まんべんなく餌が行き渡りやすくなります。

メダカ専用の人工飼料も販売されています

水面のフレークフードを食べるメダカ

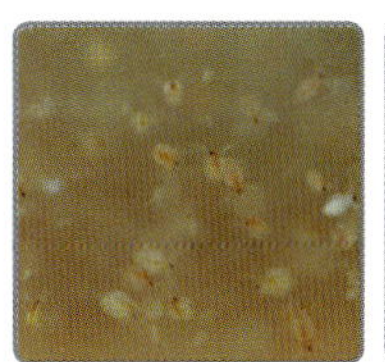
ミジンコ

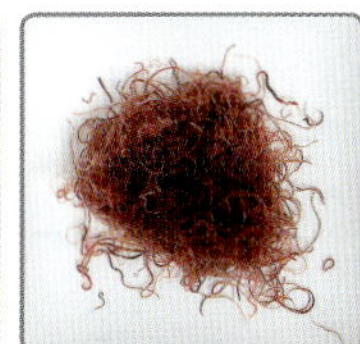
イトミミズ

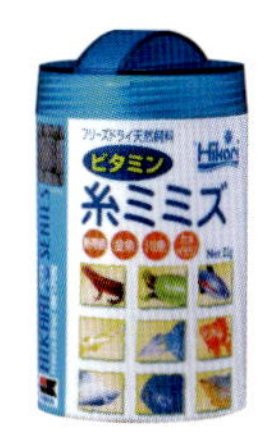

フリーズドライのミジンコやイトミミズ

冷凍イトメ。解凍してから与えます

水換えのやり方

ふだんのメダカの世話で大きなポイントとなるのが、「水換え」です。文字通り、水を新しく新鮮なものに取り替える作業です。

なぜ水換えが必要？

メダカを飼っている水槽の水は、少しずつ汚れていきます。汚れのたまった水ではメダカが弱っていき、時には死んでしまいます。この汚れの原因になるのは、餌の食べ残しやメダカのフン、枯れた水草など。これらが分解されて出るアンモニアや亜硝酸などの物質はメダカにとって有害なので、水換えをすることで水槽から取り出すのです。

水換えの目安・回数

見た目はきれいでも、実際には目に見えない汚れがたまっていることがあります。水槽が目に見えて汚れてから水換えをするより、1週間に1回、水槽の1/3～半分くらいを目安にして定期的な水換えをすると安全です。

また、水温が高くなるとメダカも活発になり、餌もよく食べるのでそれだけ水も早く汚れます。暑い時期は水換えの回数を多くしましょう。

こんなサインも見逃さずに

水槽の汚れはいろんなサインとなって現れます。例えば、

○ **メダカに元気がない**
○ **餌をあまり食べなくなった**
○ **水面にできた泡がなかなか消えない**
○ **水草がしおれたり枯れたりする**

などです。

飼育に慣れてきたら、こうした点も水換えの目安にしてみましょう。

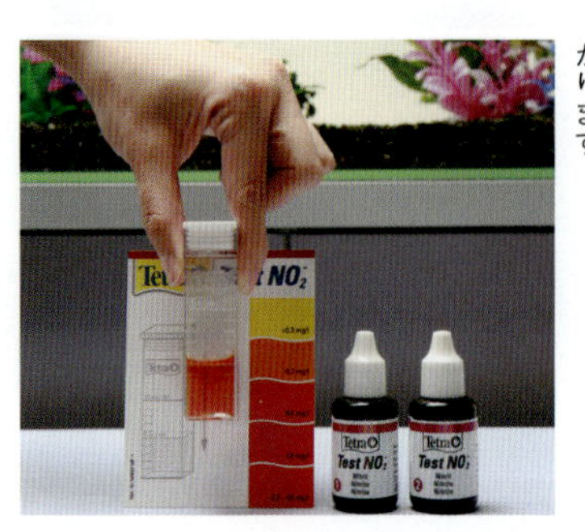

市販の水質テストキットがあると、どれくらい水が汚れているかよくわかります

きれいな水槽ではメダカも元気！

水換えの手順

熱帯魚の水槽を例にしていますが、メダカでも全く同じです

① 器具類の電源を抜く

水換えの前には、フィルターやヒーターの電源を抜いておきます。水位が下がってフィルターが空回りしたり、ヒーターが水から出ると、トラブルの原因となります

② 水槽を掃除

スポンジなどで、水槽に付いたコケなどの汚れを落とします。コケ掃除は、水換えのときにいっしょにやるのがおすすめです

③ 水を吸い出す

水換えポンプで水槽の水を吸い出します。メダカもいっしょに吸い出さないよう、気をつけてやりましょう

④ 新しい水を用意

バケツに水道水をくみます。温度をチェックし、新しい水と水槽の水の温度を合わせるようにします

⑤ 塩素を中和

バケツにくんだ水の塩素を中和します

⑥ 水槽に水を入れる

新しい水を、砂が舞い上がらないようそっと注ぎます。乱暴に注ぐとメダカがビックリして傷つくこともあるので、ていねいに

メダカのともだち

小さくて温和なメダカは、種類を選べば他の魚たちといっしょに
飼うことができます。そんな生き物たちをご紹介

ドジョウの仲間

ドジョウ

いつも水槽の底の方にいて、メダカをいじめたり争ったりすることはありません。大きくなっても10cmほどで、また、メダカが食べ残した餌を食べてくれるなど、メンテナンスの面でも役立ちます

シマドジョウ

白と黒の縞模様が美しいドジョウです。模様には様々なバリエーションがあります

ホトケドジョウ

ずんぐりした体がかわいいドジョウです。大きさは6cmほどと小さいものの、泳ぎは活発で、中層をよく泳ぎます

イシマキガイ

日本の川にすんでいる巻き貝です。ガラス面についたコケをよく食べるので、数匹を飼っているとコケ防止にもなります。水槽では繁殖しません

レッドラムズホーン

インドヒラマキガイという巻き貝の改良品種で、真っ赤な体が目をひきます。外国産ですが、低温に強く無加温で飼育でき、よく繁殖もします。メダカの残餌処理やコケ掃除に役立ちます

アカヒレ

中国原産の、3cmほどのコイ科の魚。性格がおとなしく、体色も美しいためメダカと一緒に楽しめます。低温に強くヒーターがなくても飼えます

エビの仲間

ミナミヌマエビ

エビの仲間はいつも水槽のあちこちをついばんでいるので、コケ取りや残餌処理に役立ちます。ミナミヌマエビは2cmほどと小さく、水槽内でもよく繁殖する楽しいエビです

ヤマトヌマエビ

ミナミヌマエビより大きく、4cmほどになります。体が大きい分、コケ取り能力も高いです。こちらは水槽では繁殖しません

メダカに向いている水草

水草は隠れ家や産卵場所になり、水をきれいにする働きもあります。水槽も華やかになるので、ぜひ植えてみましょう。育成しやすく丈夫な水草をご紹介

マツモ
根を持たず、常に水中を漂って成長します。成長が速く、条件が合うと爆発的に繁殖します。下の方を砂に埋めて、固定することもできます

ウイローモス
流木や石に糸でくくりつけると、活着して表面をおおうように育ちます。光の弱い環境でもよく育ち、メダカの産卵場所としても適しています

アンブリア（キクモ）
細い葉が丸く並んだ繊細な姿をしており、水槽の雰囲気がやわらぎます。少し汚れた水でも、調子よく育ちます

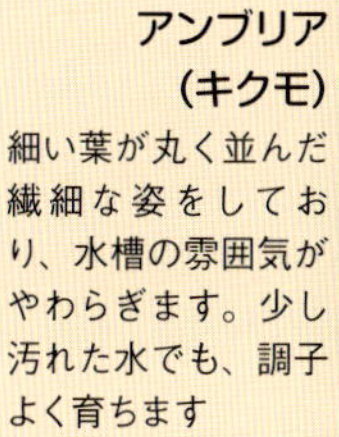

ウォータースプライト
底砂に植えても水面に浮かべてもよく成長する、丈夫な水草です。水面に浮かべると、水中にのびた根がメダカのよい産卵場所となります

アナカリス（オオカナダモ）
ペットショップでは、金魚藻の名で売られていることもあります。底砂に植えず、浮かべておくだけでも育つほど丈夫です

こうした人工水草も最近は出来がよい製品が多く、育成の手間がかからないメリットがあります

メダカの病気

メダカは丈夫な魚ですが、ときには病気にかかることもあります。
体の小さなメダカにとって、病気になることはたいへん危険なことです。
早めの発見と治療を心がけましょう

よく見られる病気

白点病

症状：体表やヒレに、小さな白い点がポツポツとつき、かゆがって石や流木などに体をこすりつけるようになります。症状が進むにつれて、白点は体全体に広がり、死んでしまいます。また、他の個体にうつりやすいので、発見したら早めに治療しましょう。

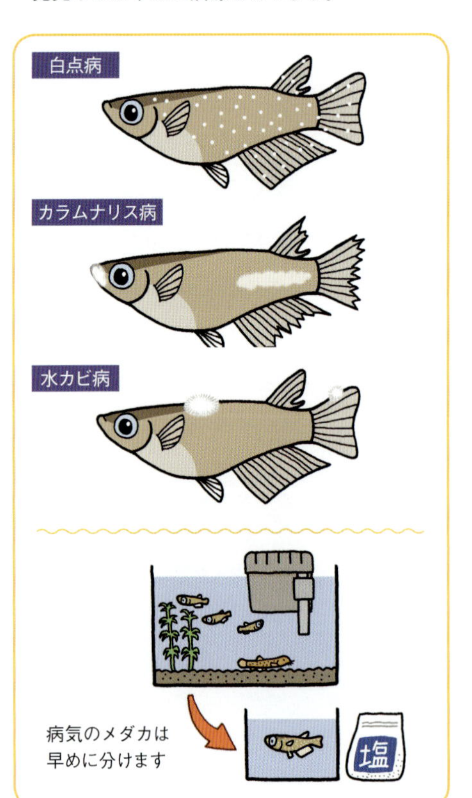

病気のメダカは早めに分けます

原因：白点虫と呼ばれる原虫が、体表に寄生することでおきます。春先などの、水温が不安定な時期によく発生します。

治療：原因となる白点虫は高水温に弱いので、ヒーターで水温を 28 ～ 30℃に上げると、数日ほどで治ることもあります。また、専用の治療薬（グリーンＦなど）が多く市販されているので、これを投薬するか、塩を全水量の 0.5 ～ 1％ほど入れても効果があります。

白点病はメダカでもっともよく見られる病気ですが、治療はさして難しくありません。

カラムナリス病

症状：ヒレの先端や口先、体表などが白く変色して溶けたようになり、だんだんと範囲が広がっていきます。ヒレに発生した場合は、硬い条だけが残り、バサバサのヒレになることがあります。

原因：体にできた傷に、カラムナリスという細菌が感染することで起こります。ヒレに感染した場合は尾腐れ病やヒレ腐れ病、口先の場合は口腐れ病など、発症した部分によって名前が異なりますが、原因は同じです。

治療：水を全体の半分以上換えて、市販の治療薬（グリーンＦゴールドなど）を使います。原因菌は塩分に弱く、全水量の 0.5 ～ 1％ほどの塩を入れても効果があります。

水カビ病

症状：ヒレや体表に、ふわふわとした糸状のものが発生します。

原因：サプロレグニアやアファノマイセスと呼ばれる細菌が、体表にできた傷から感染す

塩は殺菌効果が高く、またメダカは塩分に強いので、調子の悪いメダカがいる場合は、薄め（0.5％ほど）の塩水で泳がせるのも効果の高い方法です

メダカをアミですくう際は、スレ傷がつかないよう、なるべくそっと扱いましょう

ることで発症します。

治療：塩を全水量の0.5％～1ほど溶かし、市販の治療薬（メチレンブルーなど）を併用します。原因となる細菌は、健康なメダカの体表には感染しにくいので、メダカを傷つけないようにすることで予防できます。

その他

古くなって傷んだ人工飼料や、あまり清潔でない生き餌（ちゃんと洗っていないイトミミズなど）を大量に食べることによって、消化不良や体内での有毒物質の発生などが起こり、死亡することがあります。

病気は予防が大切

体の小さなメダカにとって、目に見てわかるほどの症状が現れたときには、すでに手遅れという場合も多くあります。病気は出てから治すのではなく、かからないように予防することの方が重要で、発症してしまった場合でも、早期発見・早期治療が大切です。

飼育しているメダカは、普段からよく観察し、水槽の下でじっとしている、食欲がない、体を物にこすりつけるなど、いつもと違ったところがないか、チェックするくせをつけましょう。

明らかに調子のおかしいものは、治療方法がわからない場合でも、他の容器に隔離するようにします。こうすれば、健康なメダカにまで被害がおよぶのを避けることができます。

予防のための注意点

水質を悪化させない…

汚れがたまった水では、メダカの抵抗力も下がってしまい、病気にかかりやすくなります。メダカを詰めこみすぎたり、水換えを長い間サボっている水槽では、病気も発生しやすくなります。

新入りは健康チェックを…

新しくメダカを足す場合、そのメダカが病気を持っていると、他のメダカまで感染してしまいます。元気がなかったり、体に症状が出ていないか、事前によく確かめましょう。できれば別に水槽を用意して、そこでしばらく飼いながら様子を見るのがベストです。

メダカに傷をつけない…

メダカをアミですくうときは、できるだけていねいに扱ってください。乱暴にすくったりすると、体表にスレ傷がつき、病原菌に感染しやすくなります。

餌は与えすぎない…

餌の与えすぎは、水の悪化や肥満の原因になるなど、メダカの健康に悪影響を与えます。人間と同じく、メダカも腹八分目が良いのです。

メダカが病気にかかるのは、飼い主の不注意から起こることがほとんどです。普段から水換えをしっかりと行ない、清潔な環境を保つことが、最も確実な病気の予防方法と言えるでしょう。

メダカの飼育レイアウトいろいろ

大きな水槽や小さな器まで、メダカの屋内飼育は自由なスタイルで楽しめます。
メダカ飼育の参考になる水槽飼育例を紹介します

夏の間にふえたメダカを水槽飼育で！

水草でレイアウトした水槽に泳ぐ色とりどりのメダカは、暖かい時期の間に屋外でふえたもの。これなら、寒い時期でもメダカの姿を観賞できます。こんなふうに、屋外で育った元気な個体を水槽に移して楽しむ、といったことができるのもメダカのよいところです

水槽サイズ／ 60 × 30 × 36（高）cm
照明／ LED ライト
フィルター／外部式
底砂／ソイル
メダカ／ラメ幹之、アルビノ幹之、ブラック、琥珀アルビノ
水草／エキノドルス・ウルグアイエンシス、バリスネリア・スピラリス、ルドウィジア、ウィローモス

様々なメダカが乱舞。水槽は暖かい部屋に置いているので、熱帯産の水草も育てられます

太陽光をたっぷり浴びて育ったメダカたち。水はグリーンウォーターになっています

屋外の水温は10℃ほどと低め。メダカが驚かないよう、少しずつ水槽の水を注いで慣らします

ある程度なじませてから、水槽に放します

木目柄で和風な水槽をつかって、「秋」をイメージしています。中に泳ぐメダカも、紅葉のような楊貴妃や渋い美しさの黒ラメ幹之などを選び、雰囲気はバッチリ。メダカは少し多めに入れ、ケンカを抑えるようにしています

データ

水槽サイズ／45 × 17 × 20（高）cm
照明／なし（間接光）
フィルター／投げ込み式
底砂／ピュアブラック
メダカ／楊貴妃、黒ラメ幹之、黄色幹之

日本のメダカらしく和風の水槽で

主役は紅白メダカ。明るい体色が水草によく似合います

水槽サイズ／45 × 17 × 30（高）cm
照明／LED ライト
フィルター／投げ込み式
底砂／硅砂
メダカ／紅白
水草／スクリューバリスネリア、カボンバ、アヌビアス・ナナ

紅白メダカを主役にした和風レイアウト水槽です。水草は、育成が容易でなるべくメダカに似合う種類を選んでいます。これなら水草の世話に追われてメダカの方がおろそかに……ということもありません

光の降りそそぐ小川

メダカが泳ぐ小さな川、をイメージした水槽。LEDライトを灯した明るい雰囲気の中で、メダカも気持ちよさそうに泳いでいます。フィルターは出水口を水面に向け、ゆるやかな流れをつけています

データ

水槽サイズ／30×20×33（高）cm
フィルター／外部式
底砂／川砂
メダカ／ヒメダカ
水草／マツモ、アンブリア、アヌビアス・ナナ

寒い時期でも繁殖を狙ってみる

ヒーターで水温を23℃ほどに暖め、照明もタイマーで管理しています。こうした環境なら、寒い時期でも卵を取ることができるでしょう。メダカ用産卵床を浮かべ、卵が産み付けられたすぐ回収します

データ

水槽サイズ／40×20×17（高）cm
フィルター／投げ込み式
底砂／ソイル
メダカ／楊貴妃ヒカリ
水草／メダカ用産卵床

緑もメダカも楽しむ

水中のメダカも水の上の植物も、どちらも楽しんでしまおうという水槽。水槽の上部にはプランターが取り付けられており、植えられた植物が水中の栄養を吸収して育ちます。水質浄化にも役立ち、まさに一石二鳥です

データ

水槽サイズ／34 × 12 × 25（高）cm
照明／室内灯
フィルター／投げ込み式
底砂／硅砂
メダカ／ヒレ長系
水草／マツモ

丸い器で丸いメダカを

丸い体のダルマメダカを丸い容器で飼うと、かわいさがさらに引き立ちます。ダルマメダカは少ない水量で育てるのはあまり向きませんが、普段は広い容器で育て、観賞したいときだけ移して眺める、といったこともメダカの楽しみです

横がわん曲しているので、ダルマメダカの丸い体がさらに強調されて見えます

データ

水槽サイズ／直径 30 × 10cm
底砂／玉砂利
メダカ／幹之ヒカリダルマ、楊貴妃ダルマ、アルビノダルマ、琥珀ダルマ
水草／ロタラ・インディカなど

したたる水の音とともに メダカを楽しむ

水中と水上の世界を再現した水槽を、アクアテラリウムと呼びます。いかにも水辺といったレイアウトは、メダカにもよく似合います。写真は岩山を模した大がかりなものですが、水槽に大きめの石や流木、抽水植物を配置して陸地をつくるだけでもぐっと雰囲気が出て、メダカ飼育が楽しくなるでしょう

データ

水槽サイズ／90 × 35 × 10（高）cm
照明／なし（窓越しの自然光のみ）
フィルター／なし
底砂／川砂
メダカ／シロメダカ
植物／ハイゴケ、ホソバオキナゴケ、ミニアコルス、リュウノヒゲ

岩山部分は発泡スチロールをベースに、石を接着したもの。水がかかってもはがれにくいハイゴケをメインに植えています

各サイズの石をシリコンなどで接着

発泡スチロールの土台内部にはポンプをセット。水をくみ上げて陸地に川のような流れをつくります

水草の種で、手軽に緑をじゅうたんを

近年よく見かけるようになった水草の種をつかったレイアウト。底砂に種をまき、発芽してある程度育ったら水を張るというもので、水草を育てるのが苦手な人でも楽しめるのがメリットです

スイスイと泳ぐ幹之メダカ。体側もよく光っており、横からの観賞にも向きます

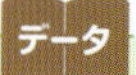

データ

水槽サイズ／45×24×16（高）cm
照明／LEDライト
フィルター／なし
底砂／ソイル
メダカ／幹之
水草／カーペットパールグラス

しめらせた底砂に種をまくと、数日で芽が出ます。種は各メーカーから販売されています

発芽して３週間～１ヵ月もすればちゃんと根付くので、水を入れられます。その間は霧吹きをしたりフタをのせたりして湿度を保ちます

メダカの飼い方
屋外編

メダカは
太陽が好き！

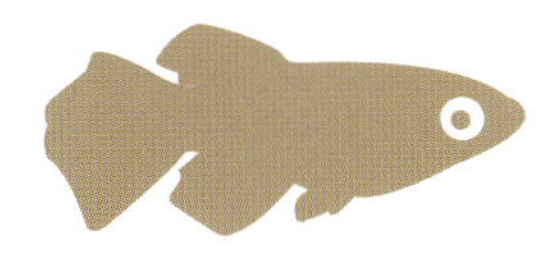

庭やベランダなど、ちょっとしたスペースさえあればメダカの屋外飼育が楽しめます。太陽の下でのびのび泳ぐメダカは、水槽で飼うのとは違った楽しみがあります。世話も簡単なので、初めての人にもうってつけです

庭やベランダで飼ってみよう

手軽に飼え、メダカもよく育ちふえるのが屋外飼育のいいところです。
メダカを外で飼うポイントなどをご紹介します

屋外でメダカを飼う楽しみ

屋外ではとてもじょうぶ！

庭やベランダに水草を植えた鉢やタライを置いてメダカを泳がせるのも、メダカを飼う方法のひとつです。

屋外では、メダカはとてもじょうぶに育ちます。太陽の光のおかげで餌になる微生物もたくさん発生しますし、紫外線のためか病気にもあまりかかりません。泳ぎも活発になり、暖かい時期になれば勝手に卵を産み、ふえていきます。室内の水槽で飼うより手間がかからず、飼育がしやすいのが屋外で飼う最大のメリットです。

よいことづくめのようですが、鳥などの外敵におそわれる危険があったり、観賞できる時間が限られるなどのデメリットもあることは覚えておきましょう。

スイレンなどの水生植物を寄せ植えしたメダカ鉢。
時には花を咲かせて楽しませてくれます

どうやって飼う？

屋外で飼うには、水を入れる容器と、そこに入れる水草があればよく、フィルターなどはなくても問題ありません。鉢などに水生植物を植え、自然の水辺を再現したものは「ビオトープ」とも呼ばれます。

● **飼育容器**

ペットショップや園芸店で売っているスイレン鉢やメダカ用の鉢を使うと雰囲気がいいですが、水をためられる容器ならどんなものでも用いることができます。

たとえば、ホームセンターで手に入るコンテナケースやトロ舟（コンクリートを練るのにつかうもの）、大きめのタライ、発泡スチロール箱、プランター（水栓ができるもの）などでも問題ありません。

ビオトープ池をつくるために必要なもの

ビオトープ用の底土
（荒木田土や市販の専用土）

スイレン鉢
（または水がためられる容器）

ビオトープ用植物

土を敷いて植物を植え、水をはれば完成！

容器は、深さよりも水面の広さが大きなものを選ぶといいでしょう。水面が広いほど水中に酸素を取り込みやすく、水面近くに泳ぐメダカにとって快適になります。

● 土や砂利

植物を植えるために必要です。これがあるとろ過バクテリアが湧きやすく、水質の維持につながります。園芸用の荒木田土や赤玉土や熱帯魚用のソイルなど、水草が根を張りやすい柔らかいものを敷くのが一般的ですが、観賞魚用の大磯砂などの硬い砂でもだいじょうぶです。また、水草を鉢植えしてから容器に沈めれば、管理も楽になります。

水辺の植物とメダカはよく似合います

● 植える植物は？

完全に水中で育つ水草のほか、スイレンのように水底に根を張って一部を水上に出すものや浮き草など、様々な植物を育てることができます。植物はメダカの産卵や隠れ家になったり、水をきれいにする効果があるので、ぜひ植えてあげたいものです。

屋外飼育のポイント

どこに置く？

● 日の当たりすぎないところを

一日じゅう日が当たる場所だと、夏場は水がお湯のようになり、じょうぶなメダカでもまいってしまいます。容器の置き場所は、なるべく午前中だけ日が当たるようなところが最適です。これが難しいなら、一時的に日が差すような場所を探してみましょう。

ベランダのように日を遮るものがないなら、よしずなどの日除けをかけてやるといいでしょう。

● 人目に付きやすいところを選ぼう

なるべく普段から人の目に触れる場所に置くことも大切です。こうした場所ではネコやカラスなどのいたずらも減りますし、トラブルにいち早く気づくことができます。

あまり目立たない場所では、観察がしくにく、世話もおろそかになりがちです。気がついたら水が干上がっていた、なんてことにならないようにしましょう。

メダカの外敵には注意！

屋外飼育では、メダカを狙って様々な外敵が現れます。

● ヤゴ

トンボの幼虫で、メダカを好んで食べます。親が隙間から産卵するので、容器にフタをしていても発生することがあります。泥に潜っていたりして見つけにくいため、時々ネットで水底をさらってみましょう。

● セキレイ

白と黒の小さな鳥。水中のメダカを器用に捕まえ、味をしめるとしつこくやってきます。容器の水位を下げると、捕食されにくくなります。

● アライグマ

日本各地に帰化している北米産のほ乳類。力が強く器用なので、フタをしていてもメダカを食べてしまうことがあります。気が荒いので、見つけても近づかないこと。

● その他

ネコはメダカを襲うことは少ないものの、容器や餌を荒らしたり、その際にメダカが飛び出す場合があります。他に、アシナガバチやスズメバチが水を飲みにくることがあるので、刺されないよう気をつけましょう。

● 対策

一番良いのは容器にフタをすることですが、観賞や世話がしにくくなるのが欠点です。先に述べたように、容器を人通りの多い場所や目立つところに置くだけでもある程度効果があります。ただし、アライグマだけは防ぐのが難しいので、多い地域では屋内飼育に切り替えるのも手です。

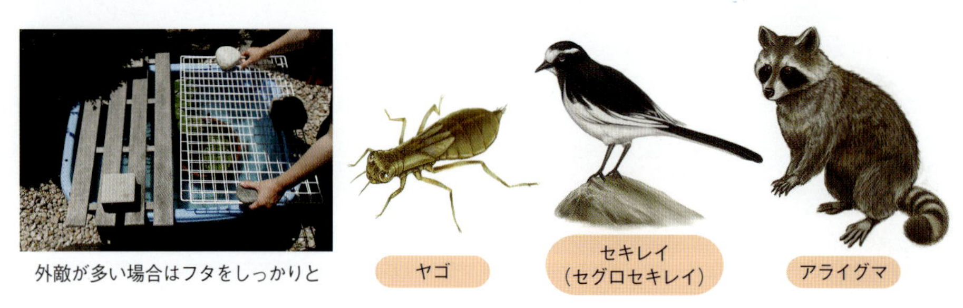

外敵が多い場合はフタをしっかりと

ヤゴ

セキレイ（セグロセキレイ）

アライグマ

世話のやり方

普段の世話

屋外飼育では、餌やり、水換えや蒸発した分の水足し、コケ掃除といった世話がメインとなります。

●餌

人工飼料を、1日1～2回ほど少なめに与えます。屋外飼育ではボウフラなどの小さな生き物が発生しやすいので、室内の水槽より餌の量は控えめでいいでしょう。

●水換え

暖かい時期は植物プランクトン（アオコ）が発生しやすく、水が緑に色づくことがあります（グリーンウォーター、または青水という）。

これは病気の発生や水温変化を抑えてくれるのでメダカにとって適した環境ですが、濃すぎるとよくありません。時折り水換えをして、薄く緑に色づくくらいに調整しましょう。

●コケ取り

暖かい時期は、アオミドロなどのコケが発生しやすいので、まめに取り除きましょう。なお、コケにはメダカの卵が付いていることもあるので、捨てずにしばらく他の容器に入れておくといいかもしれません。

●大雨や台風に注意

急な大雨などで水位が急上昇すると、小さなメダカは流されてしまうことがあります。豪雨や台風の際には、容器に板でフタをしたり、一時的にメダカを屋内に移すなどした方が安全です。

季節ごとの世話

●春

水温が10℃を超えるあたりから、メダカはだんだん泳ぐようになります。まだ本調子ではないので、餌は少なめに。気温の上昇に合わせて、餌の量を増やしていきます。4月下旬頃には産卵を始めるでしょう。

水足しのときはじょうろで植物に水をかけると、アブラムシの除去にもなります

コケは棒やピンセットで絡めて取り出します

ヤマトヌマエビやミナミヌマエビ、タニシなどを入れると、コケの予防になります

●夏

高水温に注意が必要です。水温が30℃を超えるようなら、日陰に容器を移したり、よしずなどで日除けをしてやります。

この時期はさかんに産卵をします。卵の付いた水草を見つけたら、他の容器に移してふ化を待ちましょう。また、生まれたての稚魚もよく見つかります。そのままだと親に食べられてしまうので、すくい取って別の容器に移してやります。

●秋

9月を過ぎたころから、あまり産卵をしなくなります。冬越しにそなえて、栄養のある餌を与えて体力を付けさせましょう。秋が深まると、メダカもあまり泳がなくなり食欲も落ちていきます。

●冬

水温が5℃を切るころには、水底でジッとして動かなくなります。なるべく温度変化を抑えるため、この時期は水を多めにしてください。雪が積もる地域なら、容器に覆いをかけたり、屋内に入れるなどの対策が必要です。また、ダルマメダカは寒さに弱いので、屋内の水槽に移した方がいいでしょう。

実際につくってみよう！

市販のメダカ容器や睡蓮鉢に水辺の植物を寄せ植えすれば、
立派なメダカの楽園が完成です！

1 大きな植物を最初に植える

最初にいちばん大きな植物（ヒメウキヤガラ）を配置し、全体のイメージをつかみます。販売時のポットごと入れ、周りに砂を入れて固定します

2 中ぐらいの植物を植える

次に植えたのはミゾハギ。湿地に生える植物で、メダカの鉢に適します。あまり高く伸びないので、ポットが水面と同じの高さになるぐらいに配置しました

3 バランスをみよう

隣のヒメウキヤガラとのバランスはこれぐらいにしました。植物の高さにメリハリをつけると見栄えが良くなります

最初にこれを準備しました！

A 水辺の植物（右：ウォーターマッシュルーム、左上：ヒメウキヤガラ、左下：ミゾハギ）
ホテイアオイ（ボウルの中）の子株

B 砂（富士砂）
植物を植えるベースとして富士砂はpHの上昇を抑え、アオコが出にくくする効果があります

C メダカ（幹之）

D 水鉢
信楽焼きのオリジナル品。縁がうねった洋風のものをチョイスしました

4 小さな植物を植える

溶岩石のポットに植えた小さなウォーターマッシュルームを入れます。何度か試してしっくりくる場所を選びました

5 水をそそぐ

植物の配置が済んだら、塩素を中和した水を張ります。ポットの土がえぐれないよう、ボウルなどでそっと注いでいきます

6 メダカは容器に

幹之メダカをチョイス。上からの観賞になるので、砂や鉢の色に対して引き立つ体色の品種を選ぶとよいでしょう

7 小さなネットで優しく水に放します。メダカが驚いて飛び跳ねないよう気をつけましょう

8 最後に、ホテイアオイの小株をひとつ浮かべます。水中の根がメダカの産卵場所にもなります

できました！

これでレイアウトは完成です。あとはお好みの場所に飾れば OK。もっとも、小さな鉢なのであまり日差しが強い場所はさけ、午前中だけ日が差すようなところがメダカのためにも向いています

テラスは生き物の楽園

テラスの一角に並べたスイレン鉢や水桶で、メダカなどの生き物飼育を楽しんでいます。こうした水辺があると、その他の生き物がやってきてくれることも！

　ただしメダカを食べてしまうヤゴなどは取りのぞく必要があります。

プラ製タライによしずを巻きつけ、和風仕立てにしています

大きめのコンテナのサイドをくり抜いてアクリル板を貼り、横からも観賞できるように改造。こんな工作を試せるのも、屋外飼育の楽しみです

元から付いている排水孔を塩ビパイプで延長。水位が増しても自動で排水されるので、あふれにくくメダカも安全

ビニールハウスで安全に屋外飼育！

ホームセンターで手に入る小型のビニールハウスを庭に置き、いろんな鉢を並べてメダカ飼育。メダカの好きな太陽光も当たり、外敵も入ってこないので安全に楽しめます（夏は高温になるので、ビニールを外す）

好みのメダカをペアで飼育中

いろんな形のメダカ容器

市販のメダカ飼育用容器。いろいろな形があり、素材も軽くて扱いやすい樹脂製（左）や、保温性の高い発泡スチロール製（右）など様々です。四角いタイプは並べて置くのに向き、丸いタイプはメダカが自然に泳ぎやすいなどのメリットがあります。基本的には好みで選んで OK

メダカ専用の飼育容器は、網のフタがセットできるものもあり、屋外でもより安心

屋外飼育で使える水辺の植物

入手や育成がしやすく、屋外飼育に向いた植物たちです。これ以外にも多くの植物がビオトープ向けに販売されているので、お店で探してみてください

ホテイアオイ

水面に浮かべておくと、どんどん増えていきます。根はメダカの産卵場所としてもうってつけ。南米原産ですが、地域によっては冬を越すこともあります

アマゾンフロッグビット

丸い葉を付ける、南米産の浮き草。暖かい時期はよく増えます。寒さには強くないので、冬前には室内に移しましょう

サンショウモ

日本産の浮き草。成長がわりとゆっくりでサイズも小さいので、小型の鉢に浮かべてもよく似合います

スイレン

水面に葉を広げるので、メダカのよい隠れ家になります。夏には、きれいな花を咲かせた姿も楽しめます。色や模様など、様々な品種が知られます

ハス

スイレンと同じく、水上に美しい花を咲かせる姿が楽しめます。土中によく根を張り、花や葉も大きめなので、広めの容器に適します

イチョウウキゴケ

イチョウの葉のような形をしたコケの一種。水面を浮遊して育ちます。寒さには弱いので冬場は屋内で

ミズオジギソウ

オジギソウに似た抽水植物で、触れるとゆっくり葉を閉じます。用土に植えても、水に浮かべても育ちますが、寒さは苦手です

デンジソウ

四つ葉のクローバーのような葉をつけるシダの仲間。湿地や浅い水場に生え、水深が深いとスイレンのような浮葉になります

ウォーターマッシュルーム

丸く小さな葉を付ける小型の水生植物。水草としても知られています。いったん根付いたら葉をすべて落とすのを繰り返すと、コンパクトな姿になります

セリ

水辺や湿地で見られ、夏になると白い小さな花を付けます。浅めの水深で育てるとよく育ち、伸びた葉は食べることもできます

ハンゲショウ

夏になると白い花を咲かせ、葉の表面が白っぽくなります。丈夫で育成しやすく、子株を出してよく増えます

ヤツガシラ

大きな塊茎（イモ）を作るサトイモの仲間。このイモを水に浸しておくと次々と葉を伸ばします。大型になるので、鉢も大きめがおすすめ

ハリイ

細くてやらわかな棒状の葉を伸ばす、イグサに似た抽水植物。丈夫で小型なので（20㌢ほど）、小型の鉢にも向きます

カキツバタ（斑入り）

水辺に咲く花として有名なアヤメの仲間。あまり深く水に沈めないようにして育成します。写真は葉に白い斑が入る改良品種

ヒメミズトクサ

ツクシに近いシダ植物。節のある細い葉が伸び、いかにも和風な雰囲気を出します。草丈は30㌢前後

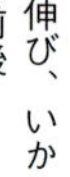

ベニラヒメアシ

湿地に生えるアシの仲間。草丈が40～60㌢前後なので小型の鉢でも楽しめます。一部が赤く染まった葉はメダカによく似合います

メダカを
ふやしてみよう

メダカの大きな楽しみが、「繁殖」です。自分の水槽で生まれ育ったメダカは、とてもかわいく感じるはず。繁殖といってもそう難しくはありません。ここで解説する基本を知れば、誰でもメダカをふやせるでしょう

メダカの産卵からふ化まで

求愛行動

メス（左）を見つけたオスは、ヒレを広げて盛んにアピールします。メダカの産卵は、朝の早い時間に行なわれることが多いので、実際に観察する機会は多くありません

産卵の準備

メスは、オスを気に入ると、寄りそって泳ぐようになります。オスは、大きな背ビレとしりビレを使ってメスを抱きかかえるようにつかまえ、産卵をうながします。この後、産卵と放精が行なわれ、卵が受精します

メスを抱きしめるオス

オス（奥）は背ビレとしりビレでメスを抱きしめ、卵に精子をかけて受精させます。これを包接（ほうせつ）行動と呼びます

卵を持ったメス

産んだ卵は、しばらくメスのお腹にぶら下がっています。産卵から数時間のうちに、メスは水草などに卵を移します

水草に卵をつける

メスは、水草などのとなりで体をくねらせて、お腹の卵を付着させます

卵を食べるメダカ

せっかく産んだ卵も、他のメダカにとってはかっこうのごちそう。それどころか、親も自分の卵を食べようとします。こうなる前に卵を取り出しましょう

メダカの卵

卵は、水草や流木など、水中にある物に付着して育ちます。卵は無色透明ですが、親が食べた餌によっては、薄く色づくこともあります

卵の纏絡糸（てんらくし）

メダカの卵の表面には、纏絡糸という糸がたくさん生えています。これによって物にからみつき、流されたり水底に落ちないようになっています

カビた卵

水カビにおかされてカビてしまった卵。他の卵にうつることがあるので、見つけたら取り出しましょう

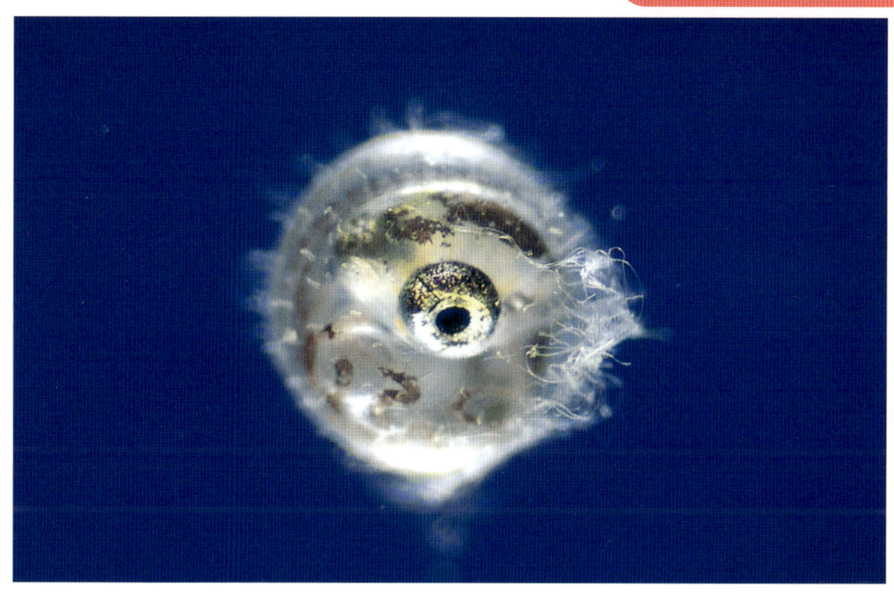

発眼した卵

1mm ほどの卵の中では、メダカが成長しつつあります。すでに卵の中でくるくると回り、眼をキョロキョロさせて辺りを見回す様子が見られます

ふ化

水温によってちがいますが、産卵から 10 日～ 2 週間もすると、ふ化が始まります。ふ化後しばらくは水面でじっとしており、そのままにすると親メダカに食べられてしまうので、早めに取り出しましょう

メダカをふやすための基礎知識

メダカの性別の見分け方

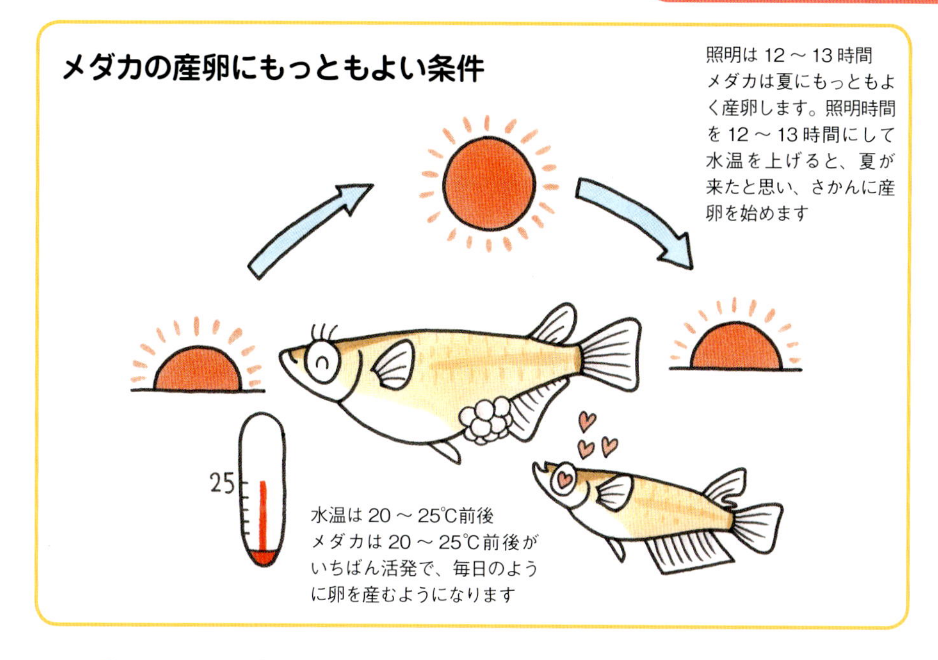

オスとメスの見分け方

いちばんわかりやすいのは、しりビレを見比べる方法です。オスのしりビレは平行四辺形で、先端がギザギザしており、メスに比べて大きく長くなります。メスのしりビレは三角形に近い形になっています。オスの背ビレには、後方に切れこみがひとつ入ります。

普通体型のメダカなら、生後２ヵ月ぐらいで雌雄の特徴が現れます。また、メスの方がひとまわり大きくなる傾向があります。

ヒカリメダカの場合、オス（上）は上下のヒレが長く伸び、対してメス（下）は小さく台形になります

どうすれば産卵する？

メダカの産卵のきっかけになるのは、「昼間の長さ」と「水温」です。1 日のうち「明るい時間が 12 ～ 13 時間」、そして「水温が 13℃以上」になったのを感じ取ったメスは、卵を産むことができるようになります。野生のメダカが 4 ～ 9 月ごろによく産卵するのも、このためです。

反対に考えれば、照明時間と水温さえ合わせれば、産卵シーズン以外でも産卵させることもできるのです。

水槽で繁殖させてみよう

産卵用水槽のセット

まず、親を産卵させるための水槽を用意します。といっても特別なものは必要ありません。普段から飼っている水槽に、メダカが卵を産み付けるための水草や産卵用のグッズを入れるだけでOKです。

ポイントは、照明の長さと水温です。春が来て水温が13℃以上になったら、照明時間を12～13時間にすることで、メダカの産卵をうながすことができます。このとき、手動よりもタイマーで点灯をオンオフすると確実です。手動では毎日の点灯時間が不規則になりやすく、メダカが産卵をしなくなる場合があります。

また、水槽のライトを消した後に部屋の明かりが入る場所も、メダカのリズムが狂うのでよくありません。水槽のライトが消えたら、その後は人が出入りしないような部屋に置くのが理想です。

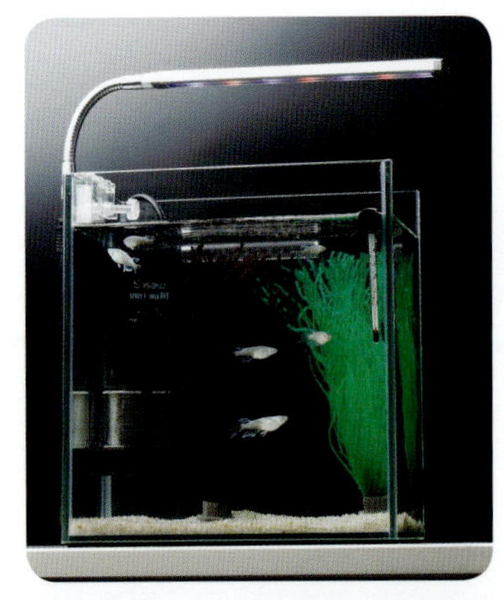

フィルターと照明をセットした水槽に、メダカの産卵用品を入れた飼育例。親メダカがしっかり育っていれば、すぐ産卵するはずです

タイマーで照明の点灯を12～13時間に設定します

メダカのための産卵場所

水 草

マツモやアナカリス、ウィローモス（写真）などの丈夫な水草を浮かべておくと、メスが卵を絡みつけます。

メダカの産卵用品

メダカが卵を産み付けやすい素材や形をしたものが、各メーカーから市販されています。何度も繰り返し使えるのがメリット

親のメダカを準備しよう

親をしっかり育てることも繁殖のコツです

産卵用の水槽が用意できたら、ここに親メダカを泳がせます。オスとメスの割合は1：2ぐらいにして、メスを多めにした方が成功しやすくなります。

メダカには相性もあるので、しばらくうまく行かないようなら、オスかメスを別の個体と入れ替えるとうまくいくことがあります。

照明時間や水温が間違っていなければ、近いうちにお腹に卵を付けたメスの姿を見ることができるはずです。

ちゃんと飼っていれば、自然に卵を産むことも珍しくありません

親には餌をしっかりと

小さなメダカにとって、卵を産むのはとてもエネルギーのいる仕事。メス親の栄養状態が良くないと、あまり卵を産まなかったり、ふ化した稚魚の成長が悪いことがあります。卵をたくさん産んでもらうためにも、餌をしっかり与え、体力を付けてやりましょう。

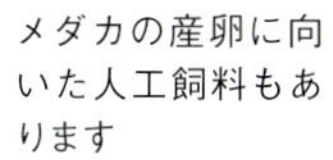

メダカの産卵に向いた人工飼料もあります

1日の餌の回数を増やし、アカムシなどの動物性の餌や、栄養の豊富な人工飼料を多めにあげると、産む卵の数も多くなります。

ちょっと繁殖させにくいメダカたち

スモールアイメダカ

目がよく見えていないので、相手を見つけにくく、なかなか産卵に成功しないことがあります

アルビノメダカ

こちらも生まれつき目が悪いため、ふやすのが少し難しめです。また稚魚も視力が低いので、育てにくい面があります

ダルマメダカ

お腹が出っ張った体型のため、オスがメスをヒレで抱きしめる行動がとれないことがあります

卵と稚魚の育て方

卵は別の容器に移そう

水槽をセットしてしばらくすれば、卵を産むようになります。

メダカは口に入るものは何でも食べるので、卵をそのままにしておくと、すぐに親や他のメダカに食べられてしまいます。そのため、卵は水草ごと他の容器に移すといいでしょう。

メダカの産卵が行なわれるのは、主に早朝です。産卵したメスはしばらく卵をお腹にぶら下げていますが、お昼までには水草などに卵を絡みつけます。頃合いを見計らって、卵を避難させてください。普通に飼っていて水草に産み付けられた卵を見つけた場合も、同じように移し替えましょう。また、卵はけっこう底にも落ちています。スポイトがあると、こうした卵も回収できます。

ふ化用の容器はプラケースやバケツなど、どんなものでもかまいません。

なれてきたら、メスから卵を直接取る方法もあります。濡らした手で卵をそっとつまみ、かるくねじりながら取ります。卵は他の容器に移しておきましょう

卵の管理

容器に移した卵は、カビが生えたり白く変色することがあります。こうした卵はふ化しません。放っておくと健康な卵までダメになるので、早めに取り除きましょう。カビがよく発生するときは、薄くメチレンブルー（市販の魚病薬）を溶かすと発生しにくくなります。

卵を移したケースはなるべく毎日水を換えてきれいに保ち、弱めにエアレーションをかけて酸素を補給することで、ふ化する数をアップすることができます。

繁殖用水槽の例。卵は親に食べられてしまうので、人工水草ごと育成用ネット（左）に移し、そこでふ化させるようにしています

ふ化までにどれくらいかかる？

水温によってまちまちですが、産卵から 10 ～ 14 日ほどでふ化します。

ふ化までの時間は水温が影響し、水温が低ければ時間がかかり、水温が高ければより早くふ化します。

ふ化までの時間は、以下の式でおおまかに計れるので参考にしてください。

> 水温（℃）×
> 産卵からの日数（日）＝ 250

例えば水温が 25℃なら 10 日、水温 20℃なら 12 ～ 13 日ほどでふ化すると予想できます。

ふ化したメダカの世話

ある日、針の先のような小さな生き物を水面に見つけるでしょう。これがメダカの赤ちゃんです。

● 餌やり

メダカの稚魚は、ふ化して数時間もすると餌を食べられます。生まれたてはサイズが 4 ～ 5mm ほどで口も小さめ。稚魚用の人工飼料や、すり鉢で細かくすりつぶしたものなど、小さな餌でないと食べられません。

親のように活発に泳いで餌を食べるわけではないので、餌は稚魚のいるあたりにそっとまいてやり、食べやすくしてあげましょう。このとき、水が汚れすぎない程度に多めに与えると、稚魚も餌を見つけやすく、より多くのメダカが育ちます。

また、水草を多めに植えておくと餌になる微生物がわきやすいので、成長がよ

稚魚にはパウダー状の人工飼料を与えます。食べ残しが出ないよう、少しずつこまめに給餌しましょう

くなります。

餌の量はメダカの成長に合わせて増やし、また時にはブラインシュリンプなどの生き餌も与えると、より健康的に育てることができるでしょう。

● 水槽のメンテナンス

ふ化して２週間もすれば、体も大きくなり活発に泳ぐようになります。ここまで来たら広めの容器や水槽に移し、小さな投げ込み式やスポンジフィルターなどを取り付けて、親と同じような飼い方にしていいでしょう。

餌をよく食べ水も汚れてくるので、水換えは忘れずに。稚魚を吸い出さないよう注意しながら、水換えポンプや細いホースで底にたまったゴミや古い水を吸い出すようにします。

稚魚のサイズ差に気をつけよう

メダカは成長がとても速い魚です。ふ化して２～３ヵ月もすれば 2㎝を超え、繁殖できるようになるほどです。

そのため、生まれた日付が離れた稚魚は、かなりサイズに違いが出てきます。大きく育った稚魚は後から生まれた赤ちゃんメダカを食べてしまうこともあるので、生んだ日付が２週間以上離れている卵は、容器を分けたほうが安心です。

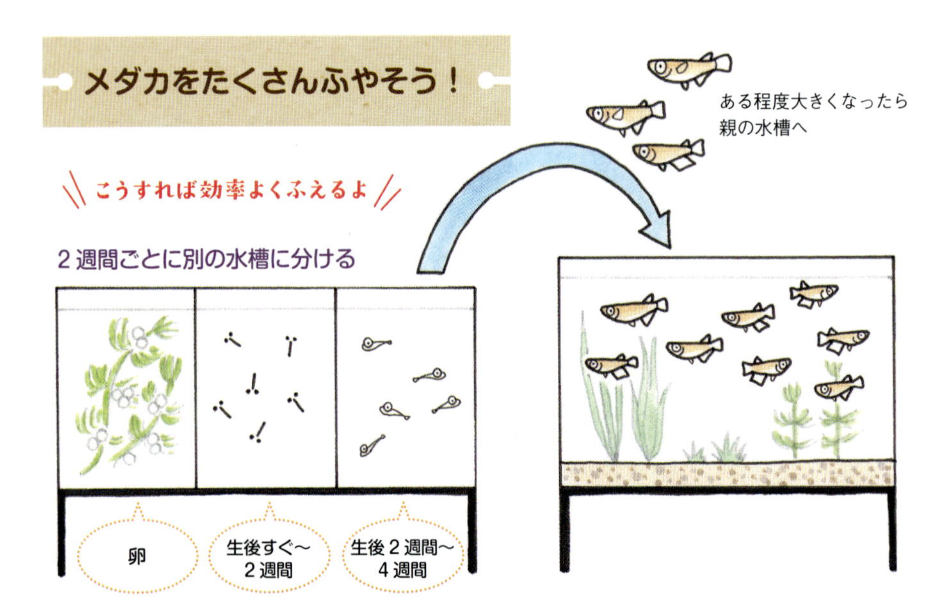

メダカ王国をつくろう

メダカは一度に10～20個ほどの卵を産みます。産卵期には毎日のように産むので、卵の付いた水草を取り出したら、新しい水草や産卵グッズを入れておきましょう。すると次の日にはまた卵が産み付けられています。

これを何度もくり返せば、メダカの卵をたくさん取ることができます。

稚魚用の容器をたくさん用意

卵を移すための容器は、稚魚をたくさん育てられるように、少し大きめがいいでしょう。30㎝ぐらいの水槽なら水量も多く、水がすぐ汚れることはありません。

容器には、たくさんの稚魚を育てやすいよう、最初から小さめのスポンジフィルターや投げ込み式のフィルターを取り付けておきましょう。稚魚が小さなうちはなるべくエアを弱くして、強い流れが付かないようにします。砂利は敷かない方が、底に落ちたゴミの掃除がしやすくなります。

ここに、卵の付いた水草をどんどん入れていきます。ただし前のページで解説したように、稚魚の大きさが開くとよくありません。卵を取り始めて2週間ほどしたら、別の容器を用意してください。

稚魚用の水槽はいくつか用意し、サイズごとに分けて育てましょう。あまりサイズの違う稚魚を一緒にすると、小さい方が食べられたり、おびえて成長が遅れてしまいます

屋外飼育で自然にふやす

屋外飼育ではあまり手をかけなくても、春から夏にかけてよく繁殖します。自然まかせでメダカをふやしてみても面白いでしょう。

屋外飼育の方法は 77 ～ 88 ページで解説していますが、ポイントはそれよりも水草や植物を多めに植えてあげることです。特に葉が細かくて密集している水草（カボンバなど）はおすすめです。こうして隠れる場所を多くすると、卵や稚魚が生き残りやすいので、自然とメダカの数は増えていきます。

ただし、屋外ではヤゴの発生に気をつける必要があります。

もちろん、水槽のように卵の付いた水草を取りだして育てれば、より効率よくふやすこともできます。

水辺に繁る植物は、メダカの赤ちゃんが育つゆりかごです

作ってから２年ほど経ったビオトープです。イネや水草がぼうぼうに伸びていますが、これがよい隠れ家になり、自然とメダカが繁殖しています

メダカがふえないときのチェックポイント

メダカをふやしたいけどうまくいかない！　そんなときは、以下の点をチェックしてみてください。

照明時間はだいじょうぶ？

明るい時間を12～13時間にし、それ以外は暗い状態を保ってください。部屋の灯りが入って夜間に突然明るくなるような場所だと、メダカの昼夜の感覚がずれ、産卵しなくなってしまいます。夜間は水槽にタオルをかけるなどして、周囲の光をさえぎるといいでしょう。

親は健康的？

やせたメスは、卵にエネルギーをまわす余裕がありません。しっかり栄養のある餌を食べさせ、お腹がふっくらしてきたら産卵の狙い時です。ちゃんと餌を与えれば、やせたメダカも1～2週間で元の体型に戻ります。

オスとメスの相性は？

メスは、気に入らないオスを避けることがあります。メスを多めに入れることで、相性の良いペアができやすくなります。ダメなときは、オスを取り替えてみてもいいでしょう。

稚魚がうまく育たないときは？

生まれたはずの稚魚がいなくなってしまう場合、たいていは餓死が原因です。

稚魚用の細かい餌を与えればいいのですが、うまくいかないときはウイローモ

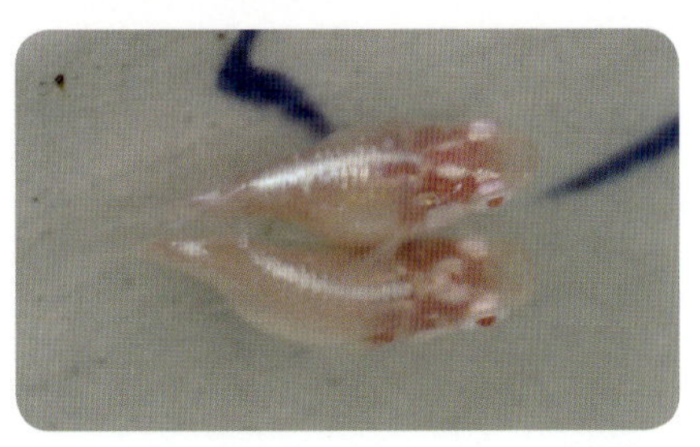

ダルマメダカは体が太くて丸いので、うまく受精できないことがあります。そこで、雌雄を多めに入れると成功率が上がります

スなどの水草を多めに水槽に入れたり、屋外でつくったグリーンウォーターを少し混ぜることで、水中の微生物が増えて稚魚の餌になります。

グリーンウォーターは、水槽の水をケースに移して日当たりのいい場所に置いておくと、簡単につくれます。

親を移動してみよう

卵は産むけどその後がうまくいかないときは、産卵後に卵ではなく、親を移してみましょう。ふ化するころには適度に微生物がわくので、あまり手をかけなくてもある程度の稚魚が残ります。とりあえず少しでもふやしたいときに、便利な方法です。

メダカを放さないで！

どんどん卵を産むのが楽しくて、つい飼いきれないぐらいふやしてしまった！　なんて話もよくあります。でも、飼いきれないからといって、地元の川や池に放すのは絶対にやめましょう。

古くから日本に生息しているメダカは、それぞれの場所に適した、独自の遺伝子を持っています。もしそこに改良品種のメダカやよその川で採れたメダカを放流したら、本来の遺伝子が乱れてしまい、その地域から姿を消してしまう可能性もあるのです。

ここまで紹介した改良品種はもちろん、他の川で捕まえたり自分でふやしたメダカを自然に放すことは、決してメダカの保護にはならないばかりか、メダカを苦しめることにもつながります。

増えすぎたメダカは知り合いにゆずったり、ペットショップに引き取ってもらえないか相談するなど、責任を持って飼うようにしましょう。

産地によってメダカも個性があります

メダカの採集に挑戦

暖かい時期には、野生のメダカに合いにでかけてみましょう。
メダカがどんな暮らしをしているか観察するのも、飼育に役立ちます。
メダカ以外にも、いろいろな生き物に出合えるでしょう

メダカ採りに出かけてみよう

数が減ったと言われる野生のメダカですが、本来とてもじょうぶでよく繁殖する魚ですから、生息環境さえ残っていれば、そうそういなくなることはありません。

小さな用水路でも、メダカは残っていることがあります。見つけたら、アミでやさしくすくってみましょう

メダカ以外の魚がアミに入ることもあります

目的以外の魚や必要以上に採れたメダカは、川に返してあげましょう。いっしょに入ったゴミは袋につめる前に取り除いておきます

護岸されていない昔ながらの小川や、岸辺に植物の茂った用水路などを探すと、意外とたくさんのメダカに出合うことがあります。生い茂った植物の周りは、餌となる微小生物が豊富で流れがゆるやかになるので、メダカの好むポイントです。こうした場所を探してみると、見つけやすくなります。

なお、地域ぐるみでメダカを保護しているところもあるので、そうした場所での採集はやめましょう。

メダカの採り方

メダカを採集するのは、アミを使うのが最も手っ取り早い方法です。水面近くを泳いでいるので、そこをサッとアミですくえばよいのですが、目がよいため逃げられてしまうこともあります。確実なのは、アミを両手に持ってメダカを前後から追いこむか、２人がかりではさみうちにする方法です。

メダカは常に群れで移動しているので、一方のアミは動かさず、もう一方のアミを動かしてメダカを追いこむと、採集しやすくなります。

乱獲はやめよう

採集したメダカを飼うために持ち帰るなら、10 ～ 20 匹もいれば十分です。メダカを守るためにも、あまりたくさんの

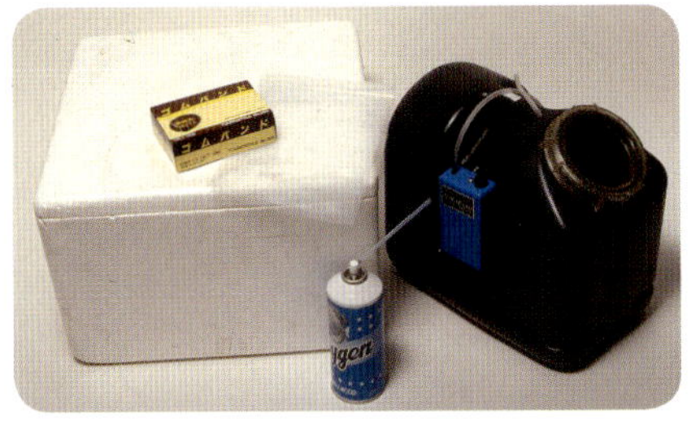
持ち帰る際には携帯式の酸素ボンベとビニール袋、エアポンプがセットできるタンクなどがあると便利です。ビニール袋に魚を入れたら、酸素を詰めて輪ゴムでしばります

採集してきたメダカのトリートメント水槽。傷からの細菌感染を防ぐための魚病薬（エルバージュ）を入れています

数を持ち帰るのはさけてください。もし、もっとたくさん飼いたいのなら、持ち帰ったメダカの繁殖に挑戦してみましょう。繁殖はそれほど難しくないので、うまくふやせば、すぐに何倍もの数にすることができます。

持ち帰ったらトリートメントを

持ち帰ったメダカは、アミですくった際に体表がスレて細かな傷がついているため、ここから病原菌が入って病気になったり、死んでしまうことがあります。

これを防ぐのが、薬浴（トリートメント）です。採集してきたメダカは、すぐには飼育水槽に移さず、エルバージュなどの薬を溶かした水槽で1週間ほど泳がせておきましょう。こうすることで、病気を予防できます。

カダヤシに要注意

●稚魚を産むカダヤシ

メダカを採集していると、「カダヤシ」という魚が捕まることがあります。

メダカによく似ていますが、尾ビレが丸くて、オスはしりビレの先が棒状になっているので見分けることができます。また、卵ではなく、大きめの稚魚をたくさん産むのも特徴です。

カダヤシは肉食性が強く、伝染病の原因になる蚊の幼虫（ボウフラ）を退治するために、1916年に北アメリカから持ち込まれました。カダヤシ（蚊絶やし）という名も、そこから付けられたものです。低水温や水質悪化にも強いので、日本中に広がりました。メダカと似た環境を好み、他の魚の卵や稚魚を食べるので、メダカが減った原因のひとつといわれています。

カダヤシのオス。オスは3チセンほどで、メスはひとまわり大きく5チセンほどになります

●持ち帰ったり飼育はしないこと

現在、カダヤシは「外来生物法」という法律によって、飼育や運搬が禁止されています。

もし捕まえても、持ち帰ったりせず、その場で戻すか処分するようにしてください。違反すると罰金などが科せられることもあるので気をつけましょう。

メダカは海にもいる？

メダカは川の魚と思っている人がほとんどでしょう。ところが、メダカは海水でも平気な体を持っており、実際に海で泳いでいる姿を見かけることがあります。なぜこんなことが可能なのでしょう？

まず、川の魚と海の魚では、周囲の塩分に対する機能が異なります。

川の魚は、周囲の水よりも体内の塩分濃度が高いため、水分が体にどんどん入ってきてしまいます。その水から塩分を吸収し、残った水分を大量の尿として排出することで、体液の濃度を保っています。

反対に海の魚は水分がどんどん奪われるため、常に海水を飲み込んで、エラや腎臓から塩分だけを排出して水分を補給し、濃い少量の尿を出しています。

メダカは、この両方の機能を持っているため、川でも海でも暮らすことができるのです。このような能力は、メダカの他にもサケやアユなど、海と川を行き来する魚たちが備えています。

飼育しているメダカも、1ヵ月くらいかけて徐々に塩分を高くしていくと、海水で飼うことができるようになり、産卵まですることもあります。

メダカは食べられる？

メダカは、昔から一部の地域では食用とされてきました。田んぼで簡単にたくさん捕まえることができるため、かつては貴重なタンパク源となっていたようです。4cmほどの小さな魚ですから、たくさん集めて佃煮にしたり、すりつぶしてダシにしたり、卵とじにして食べるなどの方法が中心です。

また、薬として利用されることもありました。丸呑みにすると、目が良くなる、お乳の出が良くなる、泳ぎがうまくなるなどといったもので、実に多くの利用法があったようです。実際の効果は不明ですが、こういったことも、メダカが古くから日本人に親しまれていた証拠なのでしょう。

メダカにもっと詳しくなろう！

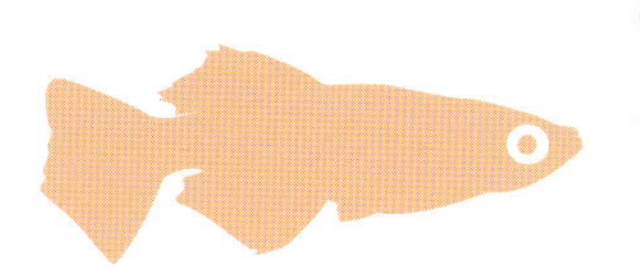

メダカの仲間は日本だけでなく世界中に分布しており、独特の生態を持つものがいたりと、生き物としても面白いグループです。そんなメダカに、もうちょっとくわしくなってみましょう

世界のメダカ

日本のメダカはオリジアス属というグループの一員です。オリジアス属にはアジアを中心に多くの種類がおり、ペットショップで出会えるものもいます。日本のメダカと同じく、飼育や繁殖が簡単なので、熱帯魚の入門種としてもうってつけです

ドピンドピンメダカ

Oryzias dopingdopingensis
大きさ／ 3.5cm
分布／インドネシア（スラウェシ島ドピンドピン川）

2018 年に記載されたばかりの新種。オスは縄張り争いなどの興奮時に、体側にいくつもの黒斑が現れるのが特徴です

オリジアス・ウォウォラエ *Oryzias wowrae*

大きさ／ 3 ～ 4cm
分布／インドネシア（ミュナ島）

オスはさわやかなブルーに覆われ、雌雄ともに胸ビレや尾ビレのフチが赤く染まるのが特徴です。とても美しいメダカで、お店でもよく見かけます

ネオンブルーオリジアス *Oryzias* sp.

大きさ／ 3 ～ 4cm
分布／インドネシア（スラウェシ島）

オリジアス・ウォウォラエによく似たメダカですが、こちらは胸ビレやお腹が赤くなりません。生息地も異なります

オリジアス・サラシノラム

Oryzias sarasinorum

大きさ／7～8cm

分布／インドネシア（スラウェシ島リンドゥー湖）

大型のオリジアスで、まるで海にいるカマスのような姿をしています。特徴的なのはメス（上）の生態で、産んだ卵がふ化するまでの２週間、お腹に付けたままで保護します

ふ化間近の卵。卵はメスのお腹と付着糸でつながっており、メスがヒレでやさしく支えています

オリジアス・エバーシ *Orizias eversi*

大きさ／3.5cm

分布／インドネシア
（スラウェシ島タナ・トラジャ地方）

日本のメダカに近い体型をしていますが、メス（下）はたくさんの卵を腹ビレに抱えてふ化まで守ります

マーモラタスメダカ *Oryzias marmoratus*

大きさ／4～4.5cm

分布／インドネシア（スラウェシ島トゥティ湖）

体高があり、茶色みがかった姿が独特。オスの体は黒のマーブルが入り、しりビレの先端が黄色くなります

プロファンディコラメダカ

Orizias profundicola

大きさ／4～5cm

分布／インドネシア（スラウェシ島トゥティ湖）

ひし形の体型に、黄色く色づいた美しい体を持ち、メダカの仲間でもとりわけ個性的なスタイルです

セレベスメダカ *Oryzias celebensis*

大きさ／4cm

分布／インドネシア（スラウェシ島南東部）

体の中央にブルーラインが入る美しいメダカで、ペットショップでもよく見かけます。名前は、スラウェシの古い呼び名（セレベス）に由来しています

ニグリマスメダカ

Oryzias nigrimas

大きさ／ 5cm

分布／インドネシア
（スラウェシ島ポソ湖）

縄張りを持ったオスは、写真のように全身が真っ黒く変化し、とても格好良い姿になります。メスはグレーがかった姿をしています

オリジアス・オルソグナサス

Oryzias orthognathus

大きさ／ 5cm

分布／インドネシア（スラウェシ島ポソ湖）

ニグリマスメダカによく似た黒いメダカ。同じ場所に生息しており、本種の方がやや体高が低くスレンダーな体型をしています

チュウゴクメダカ *Oryzias sinensis*

大きさ／ 2 ～ 2.5cm

分布／中国、韓国南部、台湾、ラオス、タイ

日本のメダカの色を薄くして、サイズをひとまわり小さくしたような種類です。以前は日本のメダカの亜種とされていました

ペクトラリスメダカ *Oryzias pectoralis*

大きさ／ 2cm

分布／ラオス、ベトナム北部

小型のオリジアスで、スラッとした体と丸みのある尾ビレを持ちます。胸ビレの付け根に小さな黒い点が入るのも特徴です

インドメダカ *Oryzias melastigma*

大きさ／4cm
分布／インド、ミャンマー、パキスタン、スリランカ

体高があり、オスはしりビレがフィラメント状に伸びるので、ゴージャスな雰囲気。現地では淡水だけでなく、海に近い汽水域でも見られます

ジャワメダカ *Oryzias javanicus*

大きさ／3～4cm
分布／インドネシア、マレー半島

透き通った体が美しいメダカですが、発情期にはしりビレや腹ビレの先端が黒くなります。淡水から汽水域に生息します

メコンメダカ *Oryzias mekongensis*

大きさ／2cm
分布／タイ、ラオス、ベトナム

小型のメダカですが、オスは尾ビレのエッジが赤く染まり、美しさはなかなかのもの。大きめの卵を少しずつ産みます

タイメダカ *Oryzias minutillus*

大きさ／2cm 未満
分布／タイ、ミャンマー

最も小さなメダカで、2cm を超えることがありません。ガラス細工のように透明で、繊細な雰囲気です

ルソンメダカ（フィリピンメダカ）

Oryzias lusonensis
大きさ／3～4cm
分布／フィリピン（ルソン島北部）

他のメダカと違い、丸みのあるかわいい顔つきが特徴。ヒレには黄色みが乗り、オスの体には黒いゴマ塩模様が現れます

セトナイメダカ *Oryzias setnai*

大きさ／2cm
分布／インド南東部

オスはゴノポディウムという交接器があり（しりビレと腹ビレの間にある細長い器官）、体内受精をしてメスが受精卵を産みます。このような生態は、メダカ科では本種のみです

メダカの生態を知ろう

北海道を除く日本各地で見られるメダカは、歌にもなるほど日本人に親しまれています。小学校の理科の教科書にも、形態や生態の一部が紹介されていることから、メダカを知らない人はいないと言っていいほどでしょう。そんなメダカの特徴について、より詳しく解説します

解説／秋山信彦

体の特徴

メダカは体長3cm程度の小型の魚類です。口はやや上向きについており、下あごが上あごよりも前方に突き出ています。

オスの背ビレとしりビレは、メスのそれよりも大きくなります。オスの背ビレには6本の軟条がありますが、第５軟条と第６軟条との間だけ他の鰭条間よりも開いているために、切れ込みがあるように見えます。また、オスのしりビレは各鰭条間の鰭膜が切れ込んでおり、ギザギザしているように見えます。一方、メスではこのような切れ込みがほとんどないことで、簡単に雌雄を見分けることができます。

メダカの暮らす場所

本来メダカは灰色の体をしていますが、ペットショップなどでは品種改良された黄色のヒメダカが販売されていることから、これがメダカと思っている子どもも少なくないようです。特に最近では、メダカの住める場所が少なくなり、自然界で姿を見ることがめっきり減ってしまいました。特に、都会ではほとんどその姿を見ることができません。

そもそもメダカは、どのような場所で生活していたのでしょうか？　実は、メダカは水田稲作とともに生息地を広げたといっても過言ではないほど、水田と関わりの深い生き物です。メダカがよく見られるのは、水田脇の用水路や小川、ため池などです。大きな河川でも比較的流れのゆるやかな場所では姿を見ることができますが、多くの場合は水田の周辺です。そのためメダカの学名である *Oryzias latipes* は、イネの属名である *Oryza* にちなんだものとなっています。つまり、メダカはゲンジボタルのような水棲ホタルと同様、人間が農耕することによって良好な生息環境が維持されてきた生物のひとつと考えられるのです。

植物が水面におおいかぶさった小川。メダカはこうした環境を好みます

稲作が行なわれている地域では、水田脇の用水路、それにつながる細流や小川、ため池などが主な生息地となります。このような場所でもメダカが生活圏としているのは、比較的浅いところが多いのです。池のような場所では、池の中央に集まることは

あまりなく、周囲の浅い場所に群れているのが多く見られます。人影を見るとすぐに沖へと逃げてしまいますが、静かにしていると戻ってきます。ほかにもメダカは湿地で見ることができますが、この場合ごく浅い場所に生えた植物の間で暮らしています。

これらの場所で、メダカは動物プランクトンや落下昆虫、他の魚類の仔稚魚、底棲生物などの動物質や、植物プランクトン、藻類、浮き草の根などの植物質といった様々なものを食べています。

メダカが安定して生活している場所では、水草が繁茂したり、水際の陸上植物が川面に垂れ下がっているのがよく見られます。このような障害物は、外敵となる生物から身を隠すだけでなく、メダカが産卵する場所にもなります。また、水中に障害物がたくさんあることで構造が複雑になるため、そこに様々な底棲生物が生活するようになり、メダカの餌が増えることにもつながります。それだけでなく、河床や側面が複雑だと、水の流れが複雑になって場所によって速くなったり、遅くなったりします。このような多様性のある環境であれば、流れのゆるやかな場所を好む生物、速いところを好む生物など様々な種が同じ水路で生活することが可能となります。また、陸上植物が川面に垂れ下がるような場所ではさらに流れに多様性ができるだけでなく、陸上の小さな昆虫類が川面に落ちやすくなり、これもメダカにとってはよい餌となります。多くの場合、このような場所は水田の用水路やそれに続く小川なのです。

水田の魚・メダカ

メダカは農繁期であれば水田にも進出し、生活圏を広げます。最近は水田の中にメダカがいることは少なくなりましたが、水田は広大な面積があり、光がよく届くことから小川や用水路よりも一次生産（植物によってつくられる有機物の量）が高く、それに伴いミジンコやケンミジンコなどの動物プランクトンやイトミミズのような底棲生物などが著しく繁殖する場所なのです。そのため、このような場所では稚魚の餌となる生物が大量に発生することから、魚の稚魚の良い育成場となっていました。

一方で、水田にはメダカの天敵となる生物が多く生息していることも事実です。メダカは小さいために、海のイワシのように他の魚のよい餌になっていると考えられがちですが、実際には河川や池でメダカを襲って捕食する魚は意外と少ないのです。例えば、ナマズのような大型の肉食魚類にとってメダカは小さすぎます。ブルーギルのよ

メダカの天敵

ヤゴ（トンボの幼虫）

ゲンゴロウ

うな外来魚は別ですが、在来種の中で肉食性の魚類であるカジカやハゼの仲間は、水田周辺にはあまり生息していません。メダカにとって最大の天敵は、他の魚よりも、タガメ、ゲンゴロウ、ヤゴなどの昆虫類でしょう。もっともタガメのような大型水棲昆虫は逆に近年では見つけることが困難になっており、自然界でよく見ることができるのはヤゴぐらいです。

このような昆虫類は、水田やその周辺に分布していることから、春から夏に水田にまで入り生活圏を広げたメダカは格好の餌生物となってしまいます。しかし、これらの生物がたくさん生息していても、メダカは数が減らないほど繁殖力が旺盛な魚でもあるのです。本来、自然界ではこのように「食う食われる」の関係によって様々な生物が生活していますが、現在では人間の生活によってそのバランスが崩れてしまい、昔は普通に見られた生物がいなくなってしまいました。

また、水田そのものの構造が昔とは変わり、畔がしっかりでき、水路と水田との落差が大きくなったり、水田への水の導入が塩ビ管になったりすることによって、生物が水路と水田を自由に行き来することができなくなっている場所も多く見られるようになりました。

季節ごとの暮らし

春

かつての水田は、早春に水がはられ、イネの苗が植えられる前にはタニシがうごめいたり、水がたまった場所にはツチガエルなどの幼生が大量に発生する様子が見られました。続いてイネの苗が植えられる頃になると、ワムシやミジンコが大量発生したり、ホウネンエビやカブトエビといった生物も発生します。この頃にメダカなど様々な魚類、中には大型のナマズまでも小川から水田に入って、産卵をしていました。イネの株が成長し水田の表面に日陰ができる初夏の頃になると、メダカ以外にも、ホトケドジョウ、ドジョウ、フナを始めとした魚類の稚魚が、水田のあちこちで見られるようになります。これらの稚魚は、先に発生しているミジンコ、ワムシ、イトミミズなどを捕食して成長していきます。

夏

夏になると水田の水温が著しく上がるため、それまでに遊泳能力をつけ、周辺の用水路や小川へと移動します。この頃には水田へ水を導入している流れ込みに、その年に生まれた魚たちが大量に集まっていることがあります。かつては、そういった場所で

は農家がドジョウを落とし込む簗（やな）を入れたり、カワセミやサギなどの鳥が集まって魚たちを食べている光景がよく見られました。

秋〜冬

さらに季節が進み、水田の水を落としてしまう初秋には、用水路の水位もずっと下がってきます。この時期になると用水路にはその年に水田や周囲の水路などで繁殖したメダカが、大群を作って遊泳していることがあります。アミでそっとすくうと、ひとすくいでソフトボールぐらいの大きさのメダカ球ができることもあるほどです。このメダカたちは用水路の比較的流れのない場所で越冬し、翌春になると用水路やそれに続く小川、水田、池、湿地などに散って繁殖するのです。

群れをつくるメダカ

一般にメダカは単独でいることはほとんどなく、群れをつくって生活しています。群れと言っても、ライオンのようにリーダーがいるわけではなく、数個体から数十個体、多い場合には百や千といった単位の集団となります。この群れはいくつかに分散することもあるし、反対に出会った群れ同士が一つの群れとして合流することもよく見られます。

日中、メダカたちは水面近くをじっと漂うように浮かんでいることが多いのですが、この時も単独になることはあまりありません。外敵となるような魚が近づいてくると、

メダカは流れに向かって頭を向ける習性があるので、群れは常に一定方向を向いています

水槽では、餌のとりやすい水面近くや水草の周りを強い個体がなわばりにし、弱い個体ほど水槽の下の方に集まるようになります

分散していたメダカたちは集まりつつ敵が来るのとは反対方向に逃げていきます。また、突然鳥のような外敵がメダカの集団の中に飛び込んでくると、それぞれの個体は一斉に散ってしまい、いったん群れがなくなってしまいます。しかし、時間がたつにつれ、分散していた個体がどこからともなく現れて、再び大きな集団となります。

このような性格がわかっていれば、採集するときにたいへん役に立ちます。メダカの群れを見つけたからと言ってあわててアミを入れてしまうと、メダカは驚いて四方八方へと散ってしまいます。群れを見つけたら一方にアミを入れ、そこから動かさないようにしましょう。そしてそのアミとは反対方向から、もう一本のアミを入れて仕掛けてあるアミへと誘導するようにゆっくりと群れを追ってゆくと、文字通り一網打尽にできるのです。そのようにして採集したメダカはスレもなく、持ち帰ってもあまり死ぬことはありません。逆に荒っぽくすくい取ったメダカは、スレがひどく持ち帰る途中で多くは死んでしまいます。メダカの性質をうまく利用することによって、採集もスムーズに行くのです。

このようにメダカは自然界では群れをつくって生活しており、あまりなわばりを持つことはありません。ところが、水槽で少数を飼育すると、いくつかの個体がなわばりを作ることがあります。自然界のような広い空間ではあまり観察されないのですが、限られた空間になるとなわばりを持つと考えられています。

水槽に水草などを入れておくと、水草に囲まれた場所や、水槽の端などになわばりを持つ個体と、なわばりを持たずに群れを作っている個体に分かれるのが観察できます。このときのメダカは通常よりも全体的に黒くなり、腹ビレは特に真っ黒になるので、ひとあじ違うメダカとなります。

メダカの繁殖

メダカの産卵期は、一般的には春から初夏にかけてです。この時期のメスを早朝に採集すると、腹部に卵をぶら下げているものを見かけるはずです。

メダカの繁殖期は光周期に支配されていると考えられています。春から夏にかけての長日条件によって、産卵行動が確認されるようになります。水温については、低水温条件としての臨界温度は約10℃と考えられています。自然下でこのような条件を満たすのは、3月下旬から9月中旬にかけてであり、この期間が産卵期にあたります。

● 繁殖のメカニズム

この期間、魚の栄養状態、健康状態が良いとほぼ毎日のように産卵します。この産卵行動に関連した生理学的なメカニズムについても、光周期に支配されているのです。明暗周期によってメダカの体内では間脳視床下部や脳下垂体、生殖腺などの内分泌支

繁殖行動は主に早朝に行なわれます

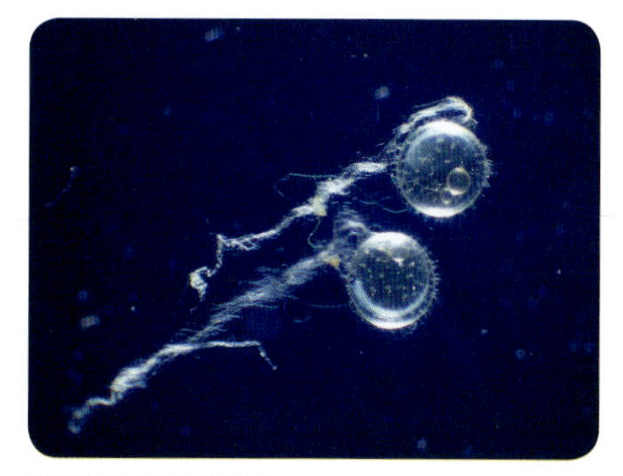
産卵直後の卵と纏絡糸

配による卵成熟や排卵などが生じ、その結果産卵行動に至るのですが、この詳細なメカニズムについては他書にゆずりましょう。

メダカの産卵行動は明け方がピークです。それまでの間に、メスの卵巣では内分泌支配によって卵母細胞が排卵されます。始めに排卵された卵母細胞を持っているメスにオスが近づき、メスに追従する形で繁殖行動が始まります。

オスがメスの下側に入り込むと、メスは頭を上げるような行動をとったり、オスがメスの周囲を回りこむ求愛行動をとります。オスはやがてメスの側面に並ぶようになり、背ビレとしりビレでメスを抱えるような姿勢をとり、小刻みに体を震わせながら水底に沈んでゆきます。この直後に、放卵、放精して受精させ、一連の産卵行動が終了します。その後メスはしばらくの間、卵を腹部にぶら下げて泳ぎます。

メダカの卵は纏絡糸（てんらくし）と呼ばれる糸状の構造物があることから、纏絡卵（てんらくらん）と呼ばれています。この纏絡糸には粘着性はありませんが、様々なものに絡みつく性質があります。一般に昼までにメスは卵の纏絡糸を水草などに絡ませて、卵を付着させます。このような卵を産む魚は他に、サンマやトビウオがあげられます。これらの魚類は流れ藻に纏絡糸をからみつけ、卵が深い海に沈んでゆかないようにしているのです。メダカの場合、仮に水草から纏絡糸が外れて水底に落ちてしまっても、発生が進んでいれば問題なくふ化しますが、産卵後比較的早い時期の卵では、多くの場合が水カビにおかされて死んでしまいます。

● たくさん卵を産めるわけ

メダカは栄養状態が良いと毎朝産卵し、そうでなくとも２～３日に１回は産卵します。魚類には、一生涯に１回しか産卵しないサケのような種類と、モツゴの仲間のように一生涯に何回か産卵するものがいますが、後者は産卵期に数回に分けて産む種類、メダカのように毎日産卵することが可能な種類があります。

これらはそれぞれ、卵巣の構造が大きく異なることが知られています。

①サケのように一生涯に１回しか産卵しない魚類では、卵巣卵が一斉に成熟し、排卵された後に新たな卵母細胞の補充がなされません。

②モツゴの仲間のいくつかの種類のように産卵期に何回かに分けて産卵する種類では、産卵期に異なる発達段階の卵母細胞が少なくとも２群以上あります。排卵され、さらに産卵可能な条件であれば、次に控えている卵母細胞が成熟して排卵されます。

③メダカのように毎日産卵する種類では、産卵期の卵巣には全ての発達段階の卵巣卵が見られ、排卵されるとすぐに次に控

えている卵巣卵が排卵され、未熟な卵巣卵は連続的に発達します。メダカの場合には1回の産卵数は5粒から多くても20粒程度と少ないですが、毎日コンスタントに産卵すれば、4月から8月いっぱいまでの5ヵ月間で1,000個から数千個の卵を産卵する計算となります。しかし実際には、栄養条件や水質などが良好でも、繁殖期の後半では毎日は産卵しなくなるようです。したがって、1個体で数百個も産卵すればよい方でしょう。

● ふ化

このように産卵された卵は水温24～25℃で、受精から2日後には眼が観察されるようになり、顕微鏡で見ると血流も観察できます。さらに発生は進み、5日後には胚が卵をほぼ一周するほど長くなります。

その後胚はさらに伸長し続け、10日ほどでふ化に至ります。この間、卵は水カビにおかされて死んでしまったり、他の生物の餌となってしまったりもすることもあります。さらに卵を産んだ親メダカも、卵を捕食します。メダカの卵にとっての天敵のひとつとして、メダカの親もあげられるのです。

このような状況で食べられたり水カビにおかされず、運よく生き延びた卵からは仔魚がふ化します。ふ化直後の仔魚でもすぐに遊泳を始めますが、強い水流では流されてしまうことや、他の生物から身を隠すためにも、障害物の陰などで生活しています。この時期がメダカにとっては危険です。遊泳能力が小さいことから、他の魚の餌食になりやすいのです。メダカの親魚は卵のみならず、メダカの稚魚も見つけ次第捕食しようとします。

ふ化したてのメダカ。生後3ヵ月もすれば、親とほとんど変わらない姿に育ちます

ふ化したての時には腹部に卵黄が残っているため、その栄養分でしばらくは生活できます。そして、ふ化翌日には卵黄が多少残っていても、小さな生物を捕食し始めるようになります。ふ化後の早い時期には、ゾウリムシやワムシのような原生動物を捕食していますが、成長とともに大型のプランクトンを捕食するようになり、やがて親と同じように様々な生物を捕食します。この後、当歳魚（その年に生まれた個体）は一般的にはその年には産卵に参加せず、翌年に繁殖行動をとることが多いようです。しかし、早い時期にふ化したもののうち、成長の良い個体は、その年の繁殖期の晩期には産卵行動に参加するものもあります。

自然界ではほとんどの場合、産まれた翌年に産卵し、その年の冬を越せずに死んでしまうものが多いといわれています。従って多くの個体は、1年半程度の寿命ということになります。水槽で大切に飼育すると3年ぐらいは生きますが、自然界では多くの場合、それほど長い期間生存することはないようです。

いずれにせよ、メダカは寿命が短いかわりに、生まれてから早い時期に繁殖することができ、さらには栄養条件が良ければ毎日産卵することもできます。そのために大量に繁殖することが可能なのです。

メダカの進化と多様性

メダカは、古くからに日本で暮らしていた魚です。それだけに、日本の環境にあわせて、独自の進化をとげてきました。ここでは、日本のメダカのプロフィールを解説します

解説／山平寿智

メダカは何の仲間？

メダカ属（オリジアス属）は、ダツ目メダカ科に属します。ダツ目には、メダカ科の他に、ダツ科、サンマ科、トビウオ科、サヨリ科、そしてコモチサヨリ科が含まれるので、メダカはこれらの魚と近縁関係にあるわけです。しかし、メダカはダツやサンマのように細長い胴体をしていませんし、トビウオのような胸ビレやサヨリのような突き出たあごもないので、メダカがダツ目に属するというと奇妙に思われる人も多いかもしれません。実際、メダカ科はかつてカダヤシ目（注：当時はメダカ目と呼ばれていましたが）に含められていました。ダツやサヨリより、グッピーや卵生メダカに似ていると考えられていたのです。外見や体のサイズだけから判断すると、そう考えられていたのは至極当然のように思います。しかし、エラや舌の骨といった内部の形態から見て、メダカ科はカダヤシ目ではなく、ダツ目に含めるべきだという見解が 1981 年に示され、最近の DNA 情報に基づく分子系統関係からも支持されています。

図鑑をじっくり眺めてみると、外見からだけでも、メダカがダツ目の魚であることがうかがえます。例えば、淡水性のサヨリ（デルモゲニーなど）の写真（右）を見てください。①長い下あごを切り取って、②お腹の部分の胴体を一部切り出して寸詰まりにしたら、メダカとそっくりになりませんか？

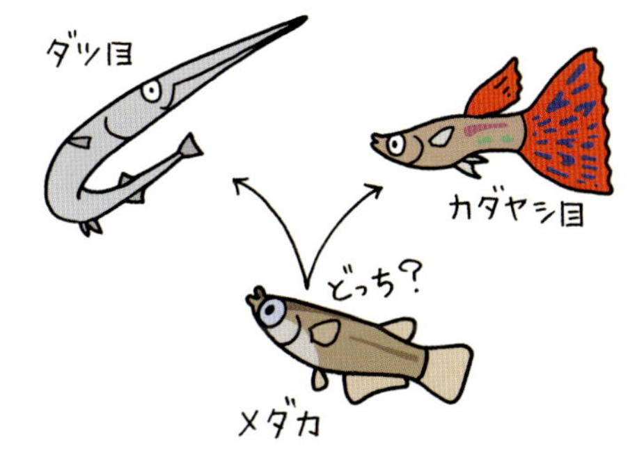

デルモゲニー
東南アジアに広く分布する小型のコモチサヨリの仲間。卵ではなく、直接稚魚を産みます。観賞魚としても人気があり、写真のようなゴールデンタイプの改良品種が多く流通しています

①のあごについてですが、ダツやサヨリのあごは成長に伴って伸長し、仔魚・稚魚のうちはあごが短いことが知られています。このことから、メダカはダツやサヨリの成長・発生段階が途中でストップしたものだとみなす見解があります（実際には、メダカの成長・発生段階が延長したものがダツやサ

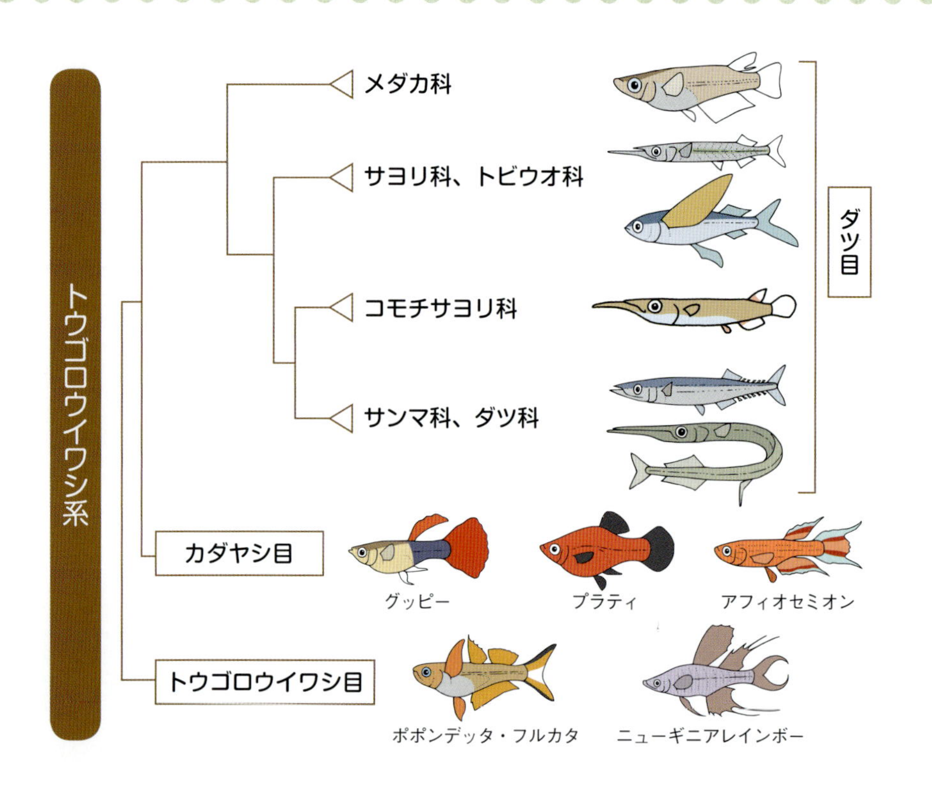

ヨリと考えるべきなのですが；後述)。個体の発生期間が短くなってある器官（ここではあご）の発達が未熟になったり、反対に発生期間が延長して器官が巨大化するような進化を、異時性（ヘテロクロニー）と呼びます。一般に、生物は性的に成熟すると個体の成長や発生が頭打ちになる傾向にあることから、異時性は成熟のタイミングの変化によってもたらされると考えられています。わかりやすく例えれば、メダカもダツやサヨリも“突き出たあご”行きの線路を走っているけど、メダカの方が早くに“性成熟”駅で途中下車してしまうということです。

また、②の細長い胴体についてですが、ダツ目魚類の胴体の長さは、脊椎骨の数が多いことを反映しています。例えば、胴体の最も長いダツ（ハマダツ）は87～93本、サンマは62～69本、サヨリは59～63本、トビウオは44～48本、そして胴体の最も短いメダカは27～32本の脊椎骨でそれぞれ体軸が構成されています。さらに言うと、脊椎骨は腹椎骨という肋骨を支える椎骨（サンマのはらわたの部分）とその後部の血管棘を有する尾椎骨とに分けられるのですが、これらダツ目魚類の胴体の長さは、腹椎骨が多いか少ないかで決まります（キリンの頸椎は他のほ乳類と同じ7つで、それぞれの頸椎が長くなることであんなにも長い首が達成されているのとは対称的です)。おそらく、腹椎骨を形成する遺伝子は共通で、発生初期におけるそれらの発現量や発現するタイミングがほんのわずか異なるだけなのでしょう。同じ食材で同じ料理をつくっても、つくる人によってまるで別物になることがあるのと似ています。あごにせよ胴体の長さにせよ、メダカとその他ダツ目魚類は、見た目ほど実質（線路や食材）は大きく違わないのです。

DNAの解析によると、メダカ科はダツ目の中で最も初期に分岐したと考えられています。化石の情報が少ないので、メダカとその他ダツ目の共通祖先がどのような姿形をしていたのかはっきりとはわかっていませんが、ダツ目に近縁のトウゴロウイワシ目やカダヤシ目魚類（これら3目を合わせてトウゴロウイワシ系と呼びます）にあごが発達したり胴長のグループがいないことから考えて、メダカとダツ目の共通祖先は突き出たあごや長い胴体をもっていなかったと考えるのが妥当でしょう。しかし興味深いことに、現存種の中には、短いながらもあごが発達していたり、ダツほどではないけど胴の長いメダカのグループ（アドリアニクチス属）がいますし、反対にあごや胴体が短いサヨリのグループもいます。こうした中間的な形態の魚を研究することで、メダカの起源について何か新しい事実が明らかになるかもしれません。

ニードルガー
東南アジアに分布する肉食魚。20cmほどになり、長い口で獲物となる小魚をすばやく捕らえます。いかつい姿をしていますが、糸の付いた纏絡卵（下）を産むことからわかるように、この魚もメダカの遠い親戚なのです

国内の地域集団について

日本のメダカは、学名オリジアス・ラティペス（*Oryzias latipes*）、標準和名メダカとされてきました。オリジアス属は現在30種以上が知られていますが、その多くは東南アジアの熱帯域にのみ分布しており、北回帰線を超えて温帯にまで広く分布する種は日本のメダカと、大陸側の近縁種であるチュウゴクメダカ（学名：オリジアス・シネンシス）のみです。これは、メダカの仲間は熱帯起源であり、そこから日本のメダカとチュウゴクメダカの共通祖先が唯一温帯域へと地理的分布を拡大してきたことを示しています。

日本国内におけるメダカの分布北限は下北半島、南限は沖縄本島です。DNAの研究から、国内のメダカは、青森から京都にかけての日本海側に分布する“北日本系統群”と、岩手以南東日本の太平洋側および西日本に分布する“南日本系統群”の2グループに大別されることが知られており、両者は400～470万年前に分岐したと考えられています（2009年に発表された論文では、両系統群の分岐年代は1800万年前にも遡るという推定もなされています）。ヒトとチ

ンパンジーの分岐年代が500～600万年前だということを考えると、両グループ間の遺伝的な隔たりの大きさが想像できると思います。これはまた、大陸から（おそらく朝鮮半島あたりから陸づたいで）日本列島に侵入した集団が地理的に二分され、それぞれが互いに交流することなく分布を拡大したということを示唆しています。北日本系統群と南日本系統群は、背ビレの形態や体表の色素細胞の密度などの形態的特徴も違うことが知られており、両者を別種として記載する論文が2011年に発表されました。それに伴い現在では、北日本系統群をキタノメダカ（*Oryzias sakaizumii*）、南日本系統群をミナミメダカ（*Oryzias latipes*）として区別しています。

これら日本のメダカ種内／種群内にも、地域集団間で大きな遺伝的変異が存在します。南北に細長い日本列島で分布を拡大していく過程で、各生息地の気候環境に対して、地域集団が様々な適応進化を遂げてきたことが、私たちの研究によって明らかになってきました。まず、野外調査の結果、日本に分布するキタノメダカとミナミメダカは、どの地域集団でもその生活史は1年で完了する“年魚”であることがわかりました。そこで、青森から沖縄にかけての様々な地点からキタノメダカとミナミメダカを採集し、実験室内で成長や繁殖の特性を比較したところ、高緯度の地域集団ほど、①稚魚期の成長は速いが成熟が遅く、そして②いったん成熟するとほとんど成長しない代わりに大量の一腹卵を産み出す個体が多い傾向にあることがわかりました。これらは、いずれも高緯度の時間的制約（夏の短さ）に対する適応を反映しています。すなわち、①北国では成長に適した期間が短いので、ふ化後は成熟を遅らせてでもとにかく成長に専念し、冬の到来前に大きな体のサイズに到達して長い冬を乗り切るための栄養（脂

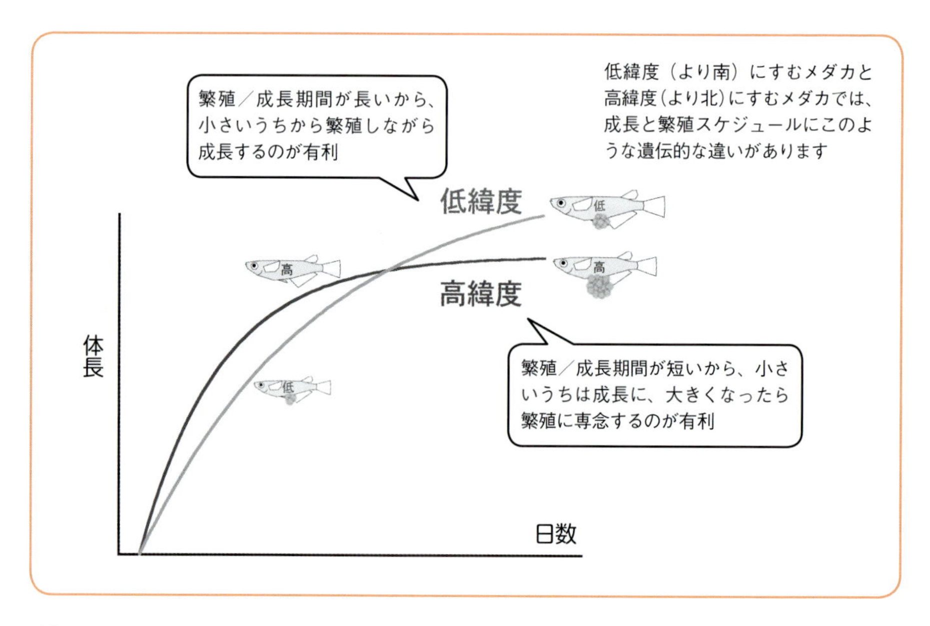

肪）を備蓄するような個体が自然淘汰で有利になります。また同様に、②北国は繁殖に適した期間も短いので、成熟後は自らが大きくなることを犠牲にしてでも卵の生産に専念して、短い繁殖期間中に1粒でも多くの卵を残すような個体もやはり淘汰上有利と考えられます（余談ですが、寒い地域にはサケやニシンのように一年あるいは一生に一回大量の腹子を抱える魚が多いのですが、日本のメダカの中だけでも緯度に沿って同様の傾向が見られるのは、とても興味深い事実だと思います）。北国のメダカは、まさに、短い青春を全速力で駆け抜けるのです。実際に、沖縄のある地域集団では3月から12月にかけての10ヵ月間で産卵が見られ、稚魚の成長は通年起こるのに対し、青森での繁殖は5、6月の1～2ヵ月間だけで、稚魚の成長期間はその後3～4ヵ月しかありません。

日本のメダカ種内／種群内には、いくつかの形態的な違いも見られます。例えば、上でも述べた腹椎骨数にも地域集団間で変異があり、高緯度の地域集団ほど腹椎骨の多い（結果的に脊椎骨数の多い）個体の割合が高い傾向にあることがわかりました。例えば、分布北限の青森の地域集団と南限の沖縄の地域集団を比べると、前者の方が平均して1.5本ほど多くの腹椎骨を持っています。これは、外見上、高緯度の地域集団ほど胴長の体型をしていることを意味しています。高緯度の地域集団の胴長な体型は、上で述べた成長／繁殖形質の適応進化と関係しているかもしれません。すなわち、胴長で腹腔容量の大きな個体はより大きな消化管や生殖腺を抱えられるので、それによって稚魚期の高い成長能力や成熟後の高い卵生

メダカは産地によって独自の体や遺伝子をもちます。産地のわからないものをふやして放流したりすることは、避けねばなりません

産能力が達成されるのかもしれません。また、腹椎骨が多い胴長体型の高緯度の地域集団は、遊泳能力に劣っていることも私たちの研究で明らかになりました。高緯度の地域集団は、胴長になることで高い成長・繁殖能力を手に入れた引き替えとして、効率よく捕食者から逃れる能力を失ったのかもしれません。今後、腹椎骨数と個体の適応度との関係についてさらに研究が進めば、日本のメダカ種内／種群内の形態変異だけでなく、ダツ目魚類全体の種多様性を説明する光明が見えてくるかもしれません。

このように、日本に分布するメダカというひとつの種ないしは種群でも、その実体は、外見にあらわれようとあらわれまいと、遺伝的に多様な個体／集団の集合体なのです。これは、日本のメダカに限らずあらゆる野生生物の種の実体でもあります。そしてそこには、種誕生以来の分布域の変化やその過程での適応進化といった、個々の生物の悠久の“歴史”が刻まれています。真の生物保全とは、その生物の“歴史”とそれを培った“背景”である生息場所とを、両者のリンクを引き裂くことなく、セットで後世に残すことではないでしょうか。

メダカの保護を考えよう

最近では、野生のメダカの減少がよく言われています。メダカたちはどこに行ってしまったのでしょう？　メダカを守るために必要なことを考えてみましょう。

解説／秋山信彦

なぜメダカは減ってしまったのか？

メダカはもともと、水田を中心として分布を広げていた魚です。しかし、稲作が大規模に行なわれるようになると、除草剤や農薬が使用され、それによって直接メダカが死んだり、もしくは餌となる生物が減少してしまうことにより、メダカの生息数は減少してしまいました。また、私たちの生活から出る生活排水によって、川や池の水が汚れたことによる減少もあります。さらに、水田や湿地のような場所については、開発のために埋め立てられてしまい、生息地そのものがなくなってしまうというケースも多く見られます。

その他にも、北アメリカから移植されたカダヤシと生活空間が競合することによって減少した場合もあります。これについては、直接メダカの稚魚などが捕食されることもありますが、餌生物の取り合いによるものも考えられます。さらに、カダヤシは子を産む卵胎生なので、産まれたときにはすでにメダカの仔魚よりも大きくて遊泳力も強いため食べられにくいのに対し、メダカは卵、仔魚ともに食べられやすい面があります。また、農地の改良に伴って水中の障害物が少なくなり、メダカの産卵場所が減少したり、水路の側面や底面が平坦になり、水が一定に流れることによって流れの緩やかな場所が減少し、住み場が減少してしまったなどの原因もあげられます。このように様々な理由でメダカは数を減らしてきたのです。

むやみな放流はよくない

メダカは青森県から琉球列島までの日本と、朝鮮半島、台湾、中国大陸の一部で見られる魚です。このように広く分布していますが、遺伝的には４つの異なる集団があることが知られており、そのうちの２つが国内に分布しています（97ページ参照）。これらの２つの集団は、しりビレの条数など、形態的な差異があるとも言われています。

最近になってメダカが各地で姿を消していることから、ペットショップで購入したメダカを繁殖させ、それを自然界へと放流する人や団体があります。ひどいときには、ペットショップで販売しているヒメダカなどの改良種を放流していることすらあります。このような改良メダカを放流することは論外としても、産地のわからないメダカを放流することは、先ほど述べた集団のものが入り混じってしまい、遺伝的な分布の混乱につながってしまうのです。

また、少数の個体から繁殖させたものは、どれも同じような遺伝子を持った個体になりやすくなります。このような個体を放流することによって、その地域のメダカの遺伝的な多様性が失われてしまう危険性も考えられます。もちろん、その水域にいたメダカがすでに絶滅したという場合にはしかたないのかもしれませんが、その場合でもその水域周辺の個体群を利用するなど、できうる限りもといたメダカに近いものを放すべきでしょう。

ただ、このような場合にも勝手に放流するのではなく、きちんと専門家を交えて生態系への影響なども考慮し、記録を残すような放流をすべきです。

公園の池で見かけたメダカの群れ

このような放流事業は、メダカの保護にとって最終的な手段と言えるでしょう。

復活への取り組み

メダカの姿を再び川に呼び戻すには、メダカそのものを放流するのではなく、メダカが再び大量に増えることのできる環境をつくり、メダカ自らの力で復活させることが、最も良い策と考えられます。その場合も、他の生物の生活環境について十分考慮すべきでしょう。つまり、メダカを守るために、外敵となるナマズなどの肉食魚類、タガメやゲンゴロウなどの水生昆虫を駆除するようなやり方は、本来の保護活動と言うことはできません。その地域の本来の生態系の姿を守ってゆくことこそが、正しい保護のあり方と言えるでしょう。

生き物を守るためには、それらの餌となる生き物が繁殖できる環境が重要と言えるでしょう。そのような生き物は、自然界では食物連鎖によって複雑に絡みあいながら存在しています。もちろんメダカを取り巻く環境も、同様のことが言えます。水中の環境も大切ですが、水辺などその周辺についても十分に考慮しなくてはいけません。

例をあげると、虫が落下してメダカの餌となるように、水際には雑草が必要となり、できれば水中には各種の水草、川底には凹凸があり、冬には越冬できるような深い場所があること。さらには、メダカが大量に繁殖できるよう、餌となる微小生物がたくさん発生する浅い水田や湿地のような場所につながっていることも大切です。

ただ、湿地の場合にはそのままにしておくと、やがて水がなくなって陸地となってしまいます。特に暖かい場所では、その移り変わるスピードは速くなります。したがって、時には、ふえすぎた抽水植物を抜いて水場を保全するなどの管理をする必要も出てくるでしょう。

以上のことから、メダカを昔のように川や水田で見られるようにするには、メダカそのものを放流するのではなく、現在の環境をメダカが繁殖、育成できる場所となるように改善することが、重要と言えるのです。

子を産む〝メダカ〟たち

メスが体内で卵をふ化させた稚魚を産む〝卵胎生〟という特徴をもつ魚たち。日本のメダカとは異なるグループですが、かつては同じ仲間とされていました（119ページ参照）。観賞魚の世界ではこれらの仲間も〝メダカ〟と呼ぶことがあります。

グッピー

カラフルで優雅に広がる尾ビレをもつ美しい魚。様々な改良品種が生み出されており、観賞魚としてとても人気があります。写真はブルーグラスと呼ばれる品種

メスのお腹から出てきたグッピーの稚魚

プラティ

ずんぐりとした丸みのある体型がかわいい魚。グッピーに並んで改良品種が豊富で、性格もおとなしいため人気の高い観賞魚です。写真はサンセットプラティと呼ばれる品種

ソードテール

オスは尾ビレが長く突き出ており、これが名前の由来になっています。やや性格が荒いので、飼育時には注意が必要です。性転換する魚としても有名。写真はアルビノ紅白ソードテールという品種

ベロネソックス

15 ～ 20cm ほどになる大型の卵胎生メダカ。大きな口からからわかるように、小魚などを好んで捕食する肉食魚です

ヨツメウオ

水面から目だけ出して泳ぐ奇妙な魚。目が上下に仕切られており、水中と水上を同時に見ることができます。20 ～ 30cm ほどになります。南米原産

筆者プロフィール

秋山 信彦（あきやま のぶひこ）

1961年生まれ、静岡県在住。博士（水産学）。東海大学大学院海洋学研究科修了。東海大学海洋学部水産学科教授、東海大学海洋学部長・東海大学海洋科学博物館館長。大学での主な授業科目には水族繁殖学、水産増殖環境学、水産餌料・栄養学、水産増殖学、魚族初期育成学特論がある。ミヤコタナゴを始めとする希少淡水魚の増殖からアオリイカ、クロマグロなどの海産魚類の陸上養殖に関する研究を進めている。特に淡水魚については幼少の頃から興味を持っており、ライフワークとして様々な種類を飼育し、繁殖させている。採集と飼育が大好きで、春から夏にかけてはチョウを追い求めて山へ、秋から冬は淡水魚を求めて川へ出かけている。研究室ではタナコ類などの淡水魚、テナガエビ類、マス類、マダイ、カワハギ、クロマグロ、アオリイカなど海産魚類がひしめき合っている。本著では、112～118、124～125ページを執筆

山平 寿智（やまひら かずのり）

1968年広島県生まれ。九州大学理学部付属天草臨海実験所で博士（理学）を取得後、フロリダ州立大学客員研究員、九州共立大学工学部講師、新潟大学理学部准教授を経て、現在琉球大学熱帯生物圏研究センタ教授。専門は生態学･進化生物学で、メダカ属魚類の適応と種分化について研究している。メダカを求めて、北は青森から南はインドネシアまで飛び回る。著書に「天草の渚 —浅海性ベントスの生態学—」（共著：東海大学出版会）、「水産動物の性と行動生態」（共著：恒星社厚生閣）などがある。特技はスキューバダイビング。学生時代、アクアライフ誌カメラマンの橋本直之氏と一緒に沖縄の海を潜り過ごした。本著では、119～123ページを執筆

取材・撮影協力（敬称略）

秋月めだか、うなとろふぁ～む、岡崎葵メダカ、行田淡水魚、埼玉のめだか屋さん、彩鱗めだか、しいらメダカ、上州メダカ、花小屋、広島めだかの里、フレンドリーめだか、ペットショップ JET、舞めだか、めだか倶楽部クリーク、メダカ交流会 in エヒメ、めだか道楽、めだかのビーンズ、めだかの古里静楽庵、めだかの館、メダカ屋・猫飯、メダカワールド、笠原さん、Katsu、高木和久、キョーリン、ジェックス、水作、スペクトラム ブランズ ジャパン、名古屋市東山動物園 世界のメダカ館

編集・進行　山田敦史
撮　　影　秋山信彦、石渡俊晴、
　　　　　橋本直之、アクアライフ編集部
イラスト　いずもりよう、松野卯織
デザイン　スタジオ B4

本書は「メダカのすべて」（2012 年初版）の
内容を改訂し、書名を改めたものです。

飼える！ふやせる！
メダカの本

令和元年 9 月 5 日　初版発行

発行人　石津恵造
発　行　（株）エムピージェー
〒 221-0001
神奈川県横浜市神奈川区西寺尾 2-7-10　太南ビル 2F
TEL　045 (439) 0160
FAX　045 (439) 0161
http://www.mpj-aqualife.com
印　刷　株式会社シナノパブリッシングプレス

本書についてのご意見をお寄せください
http://www.mpj-aqualife.com/question_books..html